Renée Schroeder
mit Ursel Nendzig

Die Erfindung des Menschen
Wie wir die Evolution überlisten

Renée Schroeder

mit Ursel Nendzig

DIE ERFINDUNG DES MENSCHEN

Wie wir die Evolution überlisten

Residenz Verlag

Bibliografische Information der Deutschen Nationalbibliothek
Die Deutsche Nationalbibliothek verzeichnet diese Publikation in der Deutschen
Nationalbibliografie; detaillierte bibliografische Daten sind im Internet
über http://dnb.dnb.de abrufbar.

www.residenzverlag.at

© 2016 Residenz Verlag GmbH
Salzburg – Wien

Umschlaggestaltung: Hanna Zeckau, Berlin
Umschlagmotiv: Hanna Zeckau, Berlin
Abbildungen: Lucia Aronica (2–4, 6–12), Renée Schroeder (5)
Grafische Gestaltung/Satz: BoutiqueBrutal.com
Schrift: Minion
Lektorat: Stephan Gruber, feintext.eu
Gesamtherstellung: CPI books GmbH, Leck

ISBN 978 3 7017 3376 7

Naturwissenschaften und Philosophie gehören zusammen –
sonst wissen wir nicht, wie wir mit dem Wissen umgehen sollen.

Für meine Mutter

Ich stellte meiner Mutter die Frage: »Was ist ein Mensch?«
Sie lachte und sagte: »Ein Ensemble von Molekülen.«

INHALT

WILLKOMMEN ZUR AUTOBIOGRAFIE DES MENSCHEN!

Ich kann Ihnen versprechen: Sie werden es nicht bereuen, dieses Buch in die Hände genommen zu haben. Sie werden im Laufe der Lektüre eine neue Perspektive auf die Menschheit und auf sich selbst gewinnen, die Ihnen helfen wird, sich in dieser sich immer schneller entwickelnden Welt zurechtzufinden. Sie werden von Kapitel zu Kapitel ein immer schärferes Bild dieser Welt erhalten – so als würden Sie das Objektiv Ihrer Kamera justieren.

Ich wünsche mir, dass Sie meine Begeisterung für die oft recht anstrengenden Übungen bei der Bewältigung neuer Erkenntnisse über das Universum und das Leben teilen. Und dass Sie, wenn Sie das Buch zu Ende gelesen haben, eine wohltuende und allgemeine Leichtigkeit verspüren, weil Sie Ihren Platz und den Stellenwert des Menschen im Universum begriffen haben.

Dieses Buch ist auch ein Plädoyer für die Philosophie. Philosophie und Naturwissenschaften gehören zusammen. Es war ein schwerer Fehler, dass viele Universitäten diese Disziplinen im letzten Jahrhundert getrennt haben. Wir sollten sie wieder zusammenführen. Oder brauchten die Naturwissenschaften die Loslösung von der Philosophie, um sich frei entfalten zu können und neue, eigene Regeln der Wissensschaffung aufzustellen? Diese Regeln kamen ja dann doch aus der Philosophie, nämlich von **Karl Popper**. Die Hauptfragen der Philosophie lauten wohl: »Wer sind wir?« und »Woher kommen wir?«. Es wird zwar nicht die Philosophie sein, die diese Fragen beantworten wird können, sondern die Naturwissenschaften. Aber ohne die Philosophie werden auch sie nicht in der Lage sein, die Bedeutung vieler naturwissenschaftlicher Erkenntnisse richtig einzuordnen.

Am Beginn der Philosophie, zur Zeit **Platons** und **Aristoteles'**, hatte diese den Zweck, Anleitungen für das »richtige« Leben zu finden. Heute hat die Philosophie viel an Bedeutung verloren – zu Unrecht, meine ich! Denn die Hauptfragen der Philosophie sind ja immer noch offen.

Was wäre dann die Rolle der Philosophie heute, im Zeitalter der Spezialwissenschaften? Die Antwort auf diese Frage ist mir beim Schreiben dieses Buchs ganz klar geworden: Die Philosophie muss alle anderen Spezialwissenschaften vereinen und als Knotenpunkt für das Verständnis aller Zusammenhänge dienen. Das ist aber nicht möglich, solange die Philosophie eine von den Naturwissenschaften getrennte Disziplin bleibt. Das ist eine schwere Aufgabe, die wir nicht allein den Philosophen aufbürden dürfen. Die Spezialwissenschaften müssen wieder zur Philosophie konvergieren.

Geschichten zu erzählen ist etwas Bereicherndes; etwas, das unserem Leben Qualität gibt und daher auch sinnvoll ist. Aus Geschichten lernen wir auf individuelle Weise. Wir können Geschichten erfinden, die wahr sein oder wahr werden könnten. Das alles weckt in uns Sehnsüchte. Und hat dann auch Einfluss auf unser Befinden. Aber wenn wir wahre Geschichten erzählen können, die zeigen, wer wir sind und woher wir kommen, ist das sehr bereichernd. Diese Sehnsucht wurde auch in mir geweckt, und ich kann es inzwischen nicht mehr bleiben lassen. Seit ich den Menschen Geschichten aus den Naturwissenschaften erzähle und merke, wie sehr sie das anregt und erfreut, ist das mein liebstes Hobby.

Dieses Buch ist ein Versuch, Geschichten aus den Naturwissenschaften so zu erzählen, dass sie Teile einer großen Übung werden: der Erklärung des Universums. Diese Geschichten müssen dafür immer in Bezug zueinander gestellt werden, damit sie zur

Entstehung eines scharfen Weltbildes beitragen. Es wären unendlich viele Geschichten möglich. Ich habe jene ausgesucht, welche ich persönlich am wichtigsten und einleuchtendsten empfinde. Es sind historisch plausible und visionär plausible Geschichten. Ob sie wirklich wahr sind, können wir nie sicher wissen – aber sie kommen der Wahrheit so nahe, wie wir es jetzt gerade können.

Dieses Buch ist der zweiten Aufklärung gewidmet.

Es gab bisher zwei entscheidende Wendepunkte in der Geschichte der Menschheit. Erstens: den Moment, an dem unser Gehirn so weit entwickelt war, dass es Dinge erfinden konnte, die unser Überleben erleichtern. Das war vor zirka 70 000 Jahren.

Der zweite Wendepunkt war der Moment, an dem wir unser Unwissen entdeckt haben. Obwohl Sokrates sich bereits vor über 2000 Jahren sehr bemühte, allen klarzumachen, dass wir nichts wissen, herrschte während vieler Jahrhunderte und Jahrtausende nach ihm die allgemeine Gewissheit, dass es einen allwissenden Schöpfergott gebe, der einigen auserwählten weisen Männern alles Wissenswerte diktiert habe. Es wäre daher, so die dominierende Ansicht, ausreichend, diese Bücher zu studieren, um alles Wissenswerte zu wissen. Was in diesen Büchern nicht stand, war nicht wichtig oder existierte gar nicht. Die Entdeckung unserer Unwissenheit vor zirka 500 Jahren war dann der Ursprung des wissenschaftlichen Zeitalters, das mit **Isaac Newton** seinen ersten Höhepunkt erreichte. Von da an ging es rasant voran mit den Entdeckungen und Erfindungen. Und mit unserer selbst gesteuerten Evolution.

Die Behauptung, die diesem Buch zugrunde liegt, lautet, dass der Mensch seit zirka 70 000 Jahren durch seine Erfindungen seine eigene Evolution mitgestaltet oder womöglich den Pfad der natürlichen Evolution verlassen hat. Ich stelle sogar die Hypothese auf, dass der Mensch sich seit 70 000 Jahren selbst erfindet. Jetzt, im 21. Jahrhundert, haben wir die Werkzeuge in der Hand, um uns tatsächlich nachhaltig neu zu erfinden – und zu gestalten. Die offene Frage ist nur: Sind wir uns dessen bewusst? Wissen wir, was wir tun?

Um diese allerwichtigste Frage zu beantworten, brauchen wir die Philosophie.

Unsere Erfindung ist ja ein langer Prozess, der nach wie vor andauert. Dieses Buch ist die Geschichte einer Erfindung, an der Millionen von Menschen Tausende Jahre lang mitgetüftelt haben. Die Menschwerdung hat viele Helden und Heldinnen gebraucht. Die Kurzbiografien dieser Helden, deren Namen **fett** gedruckt sind, finden Sie ganz hinten im Buch, in der »HeldInnengalerie«.

Jetzt sind wir, was wir gerade sind – auf dem Weg in eine neue Zukunft. Diese steht noch nicht fest. Wir können sie jetzt erfinden. Aber dazu müssen wir wissen, was wir tun. Je mehr Menschen an ihrer Gestaltung teilhaben, desto besser wird sie werden. Wenn wir es nicht denen überlassen, die nur an sich denken und nicht verstanden haben, worin das Schöne liegt, dann können wir vieles in Gang setzen.

Dieses Buch ist ein Plädoyer für die Erfindungskraft jedes einzelnen Menschen, ob allein oder – noch besser – in der Gruppe. Es ist ein Plädoyer für Bildung, für das Entstehen-Lassen von Ideen und Vielfalt. Ein Plädoyer für das rationale Erkunden der Möglichkeiten. Verbunden mit der Verantwortung für das, was wir tun. Ja: Wir sind jetzt verantwortlich!

Manche Philosophen waren (und sind) anscheinend der Meinung, es genüge, sich irgendwo hinzusetzen und nachzudenken, um die Welt zu verstehen. Welch ein Irrtum! Erst die modernen experimentellen Wissenschaften haben es möglich gemacht, wichtige Grundsätze zu entdecken, die nach und nach das größte Puzzle der Geschichte lösen werden.

In diesem Sinne ist dieses Buch auch der Versuch, naturwissenschaftliche Erkenntnisse und Erfindungen dahingehend zu analysieren, wie sie die Evolution des Menschen beeinflussen. Dabei werden wir unweigerlich zur Erkenntnis gelangen, dass der Mensch sich selbst erfindet. Er tut dies schon seit Langem – und immer intensiver.

Viel Spaß beim Lesen!

KAPITEL 1

ORDNUNG OHNE PLAN

*Komplexe Systeme, das Problem mit der Entropie, eine
einzigartige Formel, zwei Hauptsätze, überflüssige Dämonen,
eine kurze Geschichte des Lebens und die Wandlung von
Evolution zu Design.*

In einem Vogelschwarm fliegen Tausende Vögel in einer dichten
Gruppe und erzeugen dabei wunderschöne Muster. Weder stoßen
sie aneinander, noch brauchen sie einen Choreografen. Auch ein
Fischschwarm bewegt sich sehr dynamisch, ohne dass die Fische
aneinanderstoßen und ohne von einem Dirigenten gelenkt zu
werden. Wie kann das sein?

Mit dieser Frage befinden wir uns direkt beim Kern dieses Kapitels: Wie entstehen komplexe Muster aus einfachen Bewegungen?
Wie entstehen komplexe Systeme aus einfachen Elementen? Wie
entsteht Ordnung aus Chaos? Können komplexe Systeme wie das
Leben und das Universum aus einfachen Ereignissen entstehen –
ohne einen Plan und ohne einen Kontrolleur, der es steuert? Was
treibt die Entstehung von Ordnung und Komplexität an?

Um die Welt verstehen zu können, müssen wir die kleinen, einfachen Dinge entdecken, die so beschaffen sind, dass sie Bausteine
für komplexere Strukturen sein können. Das gilt für die Entstehung
des Universums, den Ursprung des Lebens und für die Menschheit
als soziale Struktur. Diese kleinen Dinge, nach denen wir suchen,
sollen einfach, reaktionsfreudig und logisch sein: einfach genug,

dass sie zufällig entstehen können; reaktionsfreudig genug, dass sie mit ihrer Umwelt gut wechselwirken; und logisch in der Hinsicht, dass sie komplexe Strukturen aufbauen können.

Um die Eigenschaften dieser kleinen Dinge entdecken zu können, benötigt es einen Exkurs in ein Teilgebiet der Physik: die Thermodynamik. Diese beschreibt jene grundlegenden Eigenschaften von Dingen, die notwendig sind, damit komplexere Systeme entstehen können, und sie beschäftigt sich mit der Wahrscheinlichkeit von seltenen Ereignissen und deren Folgen. Es geht um die Dynamik der Energie: Wohin fließt Energie? Wie verteilt sie sich? Was kann man alles als Energie bezeichnen?

Die Thermodynamik befasst sich mit Wärme, Energie, Arbeit und deren Umwandlungsformen. Bekannt sind die zwei Hauptsätze der Thermodynamik: Der erste Hauptsatz besagt, dass die Energie eines abgeschlossenen Systems konstant ist. Das bedeutet, dass die innere Energie (auch Enthalpie genannt) in andere Energieformen umgewandelt werden kann, ohne sie zu zerstören oder zu vermehren. Sie bleibt erhalten und ändert nur ihre Form, solange das System dicht ist und keine Energie hinein- oder hinausfließen kann.

Der zweite Hauptsatz der Thermodynamik ist etwas komplexer. Er hat viele Physiker intensiv beschäftigt und außerdem etliche Philosophen zum Nachdenken angeregt. Er schränkt den ersten Hauptsatz etwas ein und besagt, dass spontan ablaufende Prozesse irreversibel sind und dass Wärme nicht von selbst von einem kälteren zu einem wärmeren Körper fließen kann: »Ein Perpetuum mobile zweiter Art ist nicht möglich.« Diese Aussagen können so interpretiert werden, dass in einem abgeschlossenen System die Ordnung nicht zunehmen kann oder die Entropie nicht abnehmen kann. Für den zweiten Hauptsatz der Thermodynamik wurde dieser neue Begriff eingeführt: die Entropie – eine negative Ordnungsenergie.

Das bedeutet also, dass die Physik sich schon seit Längerem mit dem Problem der Zunahme der Komplexität von Systemen auf unserem Planeten beschäftigt, und das ist ein Kernproblem für die Entstehung des Lebens.

Die Entropie ist ein Begriff, mit dem ich immer meine Probleme hatte. Ich habe gelernt, dass die Entropie einem Maximum zustrebe, wenn man ein System sich selbst überlasse. Das bedeutet, dass ohne Zutun von außen Chaos entsteht. Um Ordnung herzustellen, brauche man Energie und Information, nur dann könne die Entropie geringer werden. Ich fand diese Aussagen immer sehr unbefriedigend. Wieso kann ein System nicht so beschaffen sein, dass es sehr wohl Ordnung herstellt und die Information dazu im System selbst vorhanden ist? Genau solche Eigenschaften brauchen unsere kleinen Dinge, damit sie mit der Zeit komplexer werden und Information schaffen.

Die Thermodynamik hat mich während meines Studiums irritiert, und ich hatte immer das Gefühl, dass hier die Meinungen stark auseinandergingen, als läge hier eine Tabuzone oder ein nicht zu lösendes Problem. Sie wurde zu meinem Wahlfach, vor allem, weil ich als Studentin fand, dass sie in der Biochemie besser gehandhabt wurde als in der Physik. Die Suche nach den Bausteinen des Universums und ihren Eigenschaften ist schon eine lebenserfüllende Aufgabe. Irgendwie hatte ich die starke Vermutung, dass diese Suche die allerwichtigste Aufgabe der Wissenschaften sei. Aller Wissenschaften: Physik, Biologie, Soziologie und Philosophie. Davon bin ich heute noch immer überzeugt.

Der Wiener Physiker **Ludwig Boltzmann** war ein echter Pionier auf diesem Gebiet. Er hat wahrscheinlich die entscheidenden Ideen gehabt, um mit dieser Problematik umgehen zu können. Er hat die Thermodynamik weiterentwickelt und einen neuen Aspekt eingeführt: Mit der Erfindung der statistischen Mechanik hat er die Entropie als Eigenschaft eines Systems definiert und diese mit jener Wahrscheinlichkeit in Zusammenhang gebracht, dass Mikrozustände sich in Makrozuständen äußern. Genau das braucht die Biologie, um das Leben als genetisch gesteuertes System definieren zu können.

17

Auf seinem Grabstein am Wiener Zentralfriedhof ist seine berühmte Formel eingraviert:

$$S = k_B \log W$$

Diese Formel hat mich begeistert! Denn sie ermöglicht es, eine Strategie zu erdenken, die beschreiben kann, wie der Ursprung des Lebens ohne Plan möglich ist. Sie ist in meinen Augen die Formel für das Universum und das Leben. Wenn ich diese Formel einem Philosophen erklären würde, der keine Formeln mag, dann so: Ereignisse, die ganz selten sind, können sehr wohl große Folgen haben, wenn dabei Ordnung entsteht und Energie umgewandelt wird. Aber gleichzeitig zeigt uns diese Formel, dass der Großteil der Ereignisse vollkommen folgenfrei ist.

Die Formel besagt, dass die Entropie S eines Systems proportional zum Logarithmus der Anzahl der möglichen Mikrozustände ist. Diese Zahl ist demnach ein Maß für die Unordnung in einem System, aber auch für die Wahrscheinlichkeit eines bestimmten Zustandes. Die Proportionalitätskonstante k_B wurde Boltzmann zu Ehren Boltzmann-Konstante genannt. Sie hat als Dimension Energie/Temperatur und die Größe $1,38065 \times 10^{-23}$ Joule pro Grad Kelvin, also die gleiche Dimension wie unsere Entropie.

Mit diesen Begriffen ist es möglich, eine viel klarere Vorstellung davon zu bekommen, mit welcher Wahrscheinlichkeit sich manche komplexen Dinge entwickeln können. Also auch eine Idee von der Wahrscheinlichkeit, dass Leben auf unserem Planeten entstehen konnte. Einfach so. Ohne Plan. Und ohne einen Choreografen oder einen intelligenten Zeichner postulieren zu müssen. Es ist dann nicht mehr notwendig, Dinge anzunehmen, die keinen Sinn ergeben. Wir können genau überlegen, was alles möglich ist. Mit dieser Formel wird es möglich, die Eigenschaften unserer kleinen Dinge, die wir als Bausteine für das Universum und das Leben brauchen, zu untersuchen.

Die Physik erklärt, dass in einem System, das sich selbst überlassen ist, die Ordnung ab- und die Unordnung zunimmt. Im Universum nimmt die Ordnung aber offensichtlich zu! Dieser Widerspruch hat im 19. Jahrhundert bereits den Schotten **James Clerk Maxwell** beschäftigt. Er erfand ein Gedankenexperiment, um das Dilemma dieser Entropiezunahme zu lösen. Darin spielt ein Dämon die Hauptrolle, der die Entropie im Griff hat. Maxwell hat also so etwas wie einen »Gott« erfunden, ihn aber als Dämon bezeichnet – wahrscheinlich, um nicht in Konflikt mit der religiösen Autorität zu kommen. Er hat sich genau überlegt, was dieser Dämon so alles wissen, können und tun müsste, damit Ordnung in einem System entstehen kann. Und damit die Entropie abnimmt.

Maxwells Gedankenexperiment besteht neben dem Dämon aus einem Gefäß, das durch eine Trennwand geteilt ist. Beide Hälften sind mit einem anderen idealen Gas gefüllt. Ein ideales Gas besteht aus Teilchen, die keine Energie austauschen, wenn sie zusammenstoßen. Es gibt natürlich in Wirklichkeit keine idealen Gase, aber die Physiker haben sie erfunden, um manche Dinge vereinfacht erklären zu können. Wir nennen die gasförmigen Teilchen in der einen Hälfte des Gefäßes Kugeln und die in der anderen Hälfte Würfel (siehe Abbildung 2). Sobald die Gefäßhälften miteinander kommunizieren können, beginnen sich die Gase zu durchmischen. Es entsteht »Unordnung«: Die Entropie nimmt zu. Oder anders erklärt: Wenn eine Tasse mit heißem Kaffee in einem Raum steht, kühlt sie relativ schnell ab und nimmt die Raumtemperatur an.

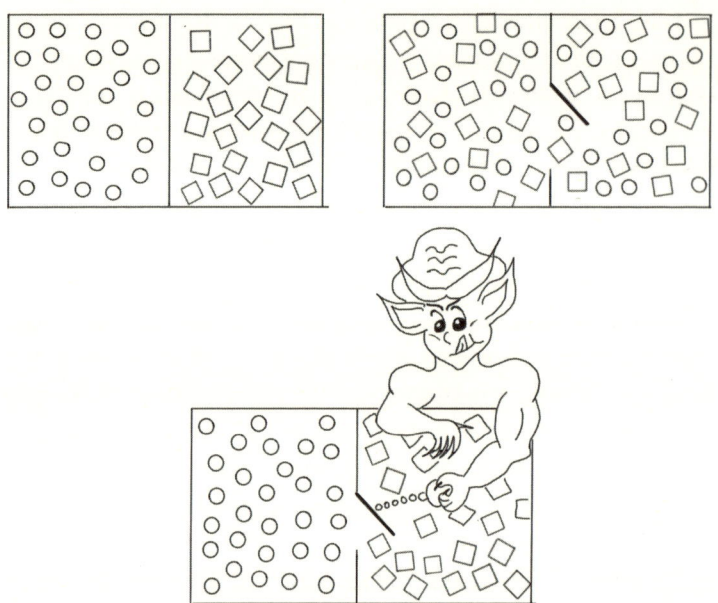

Abbildung 2:

Der Maxwell-Dämon hat die Information, in welche Hälfte des Gefäßes die Objekte gehören, und er kontrolliert deren Bewegung, damit Ordnung entsteht.

Um den Kaffee heißer als den ihn umgebenden Raum zu erhitzen, müssen wir Arbeit verrichten.

Um die Entropie zu verringern und Ordnung herzustellen, also um alle Kugeln in die linke Hälfte und alle Würfel in die rechte Hälfte des Gefäßes zu bringen, braucht man zwei Dinge: Information (um zu wissen, in welche Hälfte die einzelnen Moleküle gehören) und Energie (um sie dorthin zu befördern oder um zu verhindern, dass sie auf die falsche Seite fliegen). Dafür gibt es den Dämon: Er bewacht das System und lässt nur die Teilchen in die jeweilige Hälfte, wenn sie die richtige Form haben, sonst macht er die Klappe zu.

Wie hoch wäre die Wahrscheinlichkeit, dass rein zufällig und ohne Zutun von außen alle Kugeln auf der linken und alle Würfel auf der rechten Seite landen? Sie ist umso geringer, je mehr Teilchen im System sind. Das heißt: Um Ordnung in dieses System zu bringen und die Kugeln und Würfel schön getrennt zu ordnen, bräuchte es einen Dirigenten oder einen Choreografen – den Maxwell-Dämon. Dieses Gedankenexperiment ist so schön, dass es in das Gebiet der philosophischen Ästhetik passen könnte.

Wie lösen wir nun das Dilemma, dass das Universum eben *keinen* Dämon braucht, der Ordnung entstehen lässt, damit ein so komplexes System wie das Leben entstehen kann? Die Antwort ist denkbar einfach: Wir suchen nach etwas, das in der Wirklichkeit die Rolle des Dämons übernimmt.

Maxwells Gedankenexperiment bezieht sich auf ideale Gase. Um das Leben als System behandeln zu können, das Ordnung generiert, ohne dass ein Plan vorhanden ist und ohne einen Dämon zu benötigen, müssen wir das Gedankenexperiment etwas modifizieren:

Erstens würde aus idealen Gasen kein Leben entstehen, weil sie nicht miteinander reagieren, um komplexere Strukturen zu bilden. Biologische und präbiotische Moleküle reagieren hingegen sehr wohl miteinander und machen etwas ganz Besonderes: Sie gehen chemische Reaktionen ein und bilden neue, größere Moleküle, die stabil und vor allem geordneter sind. Biologische Moleküle, Elementarteilchen, Atome und Menschen sind keine idealen Gase und können auf unendlich viele Weisen miteinander wechselwirken und dabei unendlich viele neue, komplexere Dinge bauen, wobei die Entropie abnimmt und die Ordnung zunimmt. Wenn diese komplexeren Gebilde dabei neue Eigenschaften entwickeln, kann sich ganz viel entwickeln. Eben auch ein Universum, ein Planet, das Leben und eine soziale Gesellschaft wie die Menschheit.

Zweitens ist das System Erde nicht geschlossen wie Maxwells Gefäß, sondern offen: Die Sonne liefert Energie. Die Energie der Sonne könnte auf der Erde einfach in Wärme umgewandelt werden – ohne sonstigen Effekt. Das ist aber nicht der Fall: Durch die Energie der Sonne kommen Moleküle in Bewegung, begegnen dabei anderen Molekülen und verwenden die Energie, um energiereichere Moleküle zu bilden. Dabei entsteht Ordnung und die Erde wird komplexer. Die Sonne liefert Unmengen an Energie, unter anderem in Form von Licht. Allein schon durch die Fotosynthese der Pflanzen werden Kohlendioxid und Wasser mithilfe der Lichtenergie der Sonne in Zucker umgewandelt. Zuckermoleküle haben eine wesentlich höhere Ordnung als Kohlendioxid und Wasser. Und auch wesentlich mehr Energie, die wir als Kalorien kennen. Wenn wir uns bewegen, wandeln wir die Energie des Zuckers wieder in CO_2 und Wasser um und verrichten damit Arbeit. Durch die Fotosynthese wird Ordnung geschaffen und Energie gespeichert, die Lebewesen über einige Umwege benützen, um zu wachsen und sich fortzubewegen. Und eben auch, um Häuser zu bauen, Maschinen zu betreiben und Daten mit unendlich viel Information über sie selbst zu speichern.

Der Physiker **Erwin Schrödinger** wies ebenfalls auf dieses von Maxwell erkannte Dilemma hin. Er schrieb 1944 in seinem Buch »Was ist Leben?«, dass das Leben dem zweiten Hauptsatz der Thermodynamik widerspreche, weil wir ja beobachten, dass auf unserem Planeten die Ordnung zu-, nicht abnimmt. Schrödinger deutete die Entropie als fehlende Ordnung eines Systems. Ihm fiel auf, dass bei Lebewesen die Ordnung nicht nur erhalten bleibt, sondern sogar zunimmt. Er wies darauf hin, dass das System Leben so etwas wie Information enthalte, um Ordnung zu speichern. Das war eine große Leistung: Heute wissen wir, dass diese Information in unseren Genen steckt – und wir wissen auch, wie diese aufgebaut sind.

Seit das Leben vor 3,5 Milliarden Jahren entstanden ist, nehmen Ordnung und Information ständig zu. Die entscheidende Frage ist: Wo steckt der Dämon mit der Information – und woher kommt die Energie, damit die Entstehung des Universums und des Lebens nicht als Wunder oder Hexerei erscheint? Ist dieser Dämon im System selbst oder steuert er – wie in Maxwells Gedankenexperiment – das System von außerhalb?

Unsere auf Religionen basierenden Kulturen haben diesen Dämon als Gott definiert, der alles weiß und alles steuert. Aber irgendwann genügte den WissenschaftlerInnen diese Erklärung nicht mehr, und sie machten sich auf die Suche nach dem Dämon im System.

Das Gedankenexperiment von Maxwell ist sehr anschaulich, weil es einem klarmacht, worauf es ankommt und welche Eigenschaften die Bestandteile unseres Systems Leben haben müssen, damit Ordnung und Leben entstehen können: Sie dürfen sich nicht wie ideale Gase verhalten, sondern sie müssen neue Verbindungen untereinander eingehen oder neue Formen annehmen, wobei Energie in Form von Ordnung und Information frei wird: Dabei nimmt die Entropie ab. Wie würde das Gedankenexperiment ablaufen, wenn wir es statt mit idealen Gasen mit biologischen Molekülen zu tun hätten? Können wir uns dann vorstellen, was alles passieren muss, damit ein so komplexes System wie das Leben entsteht? Welche ist die wichtigste Eigenschaft der Dinge, damit Leben entstehen kann?

Dazu gibt es ganz neue Erkenntnisse. Ein junger Physiker und Biochemiker namens **Jeremy England** vom MIT in Cambridge, Massachusetts, möchte verstehen, welche Unterschiede zwischen lebender und lebloser Materie essenziell sind. Er will die grundlegenden Naturgesetze finden, sodass uns die Entstehung des Lebens nicht als Wunder vorkommt, sondern so logisch wie Steine, die den Berg hinunterrollen. Eine eindeutige Beobachtung hat er bereits gemacht: Lebende Materie ist viel besser beim Einfangen von Energie und beim Ableiten dieser Energie in Form von Wärme. Wenn eine Gruppe von Atomen von einer externen Energiequelle bestrahlt wird, zum Beispiel von der Sonne, und von einem Wärmebad wie dem Meer umgeben ist, dann werden sich diese Atome nach und nach umordnen, um mehr und mehr Energie abzugeben. Somit nähert sich Jeremy über die Physik dem Phänomen Leben.

Mit **Charles Darwins** Evolutionstheorie wurde klar, welche die allerspannendste und allerwichtigste Frage der Naturwissenschaften ist: Wie ist Leben entstanden? Für den Ursprung des Lebens braucht es einen Dämon, der weiß, wo sich wann welches Molekül befinden und mit welchen anderen Molekülen es reagieren muss, damit jene Ordnung entsteht, die Leben möglich macht. Ich nehme es gleich vorweg: Der Dämon für den Ursprung des Lebens steckt in den Molekülen selbst. Die wichtigste Eigenschaft von biologischen Molekülen ist nämlich, dass sie wählerisch sind, mit wem sie reagieren.

Jetzt mache ich einen Entwurf für ein neues Gedankenexperiment: ein Maxwell-Experiment für den Ursprung des Lebens. Lebewesen vermehren und entwickeln sich nach sehr präzisen Mustern, indem jedes Molekül in der Zelle ziemlich genau zur richtigen Zeit am richtigen Ort das Richtige tut. Wo steckt die Information für diese Ordnung? Wieso kann diese Information im Laufe der Evolution zunehmen? Wie ist diese Ordnung entstanden? Wo steckt die Aufgabe und das Wissen unseres Maxwell-Dämons? Hier gilt **Jeremy Englands** System, dass das Leben in einem wässrigen Wärmebad, das intensiv von der Sonne bestrahlt wurde, entstanden ist.

Das Universum und das Leben auf der Erde sind aus einfachen Elementarteilchen und Molekülen entstanden, die in der

24

Lage waren, sich zu immer komplexeren Strukturen zu entwickeln. Beim »Urknall« vor 13,8 Milliarden Jahren sollen nach den derzeitigen Theorien der Astrophysik Raum, Zeit und Materie entstanden sein. Für die allerersten Momente nach diesem Ereignis, eine Zeitspanne von 10^{-43} Sekunden – nach dem Physiker **Max Planck** als Planck-Ära bezeichnet –, gibt es noch keine allgemeingültige Theorie. Klar ist aber inzwischen, dass nach dieser Ära die Elementarteilchen so weit entwickelt waren, um sich nach den heutigen Gesetzen der Physik zu verhalten. Die Geburtsstunde der Physik.

300 000 bis 400 000 Jahre später hatten sich diese Elementarteilchen zu den ersten stabilen Atomen und Molekülen verbunden. Das war die Geburtsstunde der Chemie, bereits auf einer wesentlich höheren Komplexitätsebene. Ab dann dauerte es noch 9 Milliarden Jahre, bis sich unser Sonnensystem entwickelte, und noch eine weitere Milliarde Jahre, bis auf unserer Erde solche Bedingungen herrschten, dass die chemischen Reaktionen, die für das Leben notwendig sind, stattfinden konnten. Das war vor 3,5 Milliarden Jahren – zugleich die Geburtsstunde der Biologie. Der Zeitpunkt, an dem die präbiotischen Bausteine entstanden.

Uns Chemikerinnen und Physikerinnen interessiert natürlich, welche Eigenschaften diese ersten präbiotischen Moleküle hatten, die nach und nach Ordnung und Information schufen, sodass Leben entstehen konnte.

Es war der Russe **Alexander Oparin**, der die geniale Idee gebar, dass einfache Organismen aus einfachen biologischen Molekülen und diese wiederum aus einfachen anorganischen Molekülen entstanden sind. Diese Idee war deswegen genial, weil man sie testen konnte: das Konzept der Ursuppe. Dieses wurde entwickelt, um nachzuweisen, dass es chemisch möglich ist, dass die Bausteine des Lebens aus einfachen anorganischen Molekülen, die in einer frühen präbiotischen Atmosphäre vorhanden waren, entstehen können. 1953 publizierte dann **Stanley Miller** seine ersten Ursuppenexperimente, die eindeutig zeigten, dass Aminosäuren (die Bausteine für Eiweiß), Basen und viele andere kleine Moleküle sich relativ schnell in wässrigen Gemischen aus einfachen anorganischen Verbindungen wie Ammoniak, Methan, Wasserstoff und Wasser bilden können.

In den letzten Jahren sind noch wesentlich mehr Ursuppenexperimente durchgeführt worden, die auch unterschiedliche atmosphärische Zusammensetzungen annahmen. Die Vielfalt an präbiotischen Molekülen, die dabei spontan entstehen, ist ein klarer Beweis dafür, dass Oparins Theorie richtig ist. Sie wird auch von der Tatsache unterstützt, dass man in Meteoriten Hunderte solcher kleinen Moleküle finden kann. Das ist ein wichtiger Befund, denn er zeigt, dass solch spontane Prozesse nicht auf Laborexperimente reduziert sind, sondern auch tatsächlich in der Natur vorkommen. Es sind Reaktionen, die immer wieder stattfinden, keine singulären Ereignisse.

Es können also aus einfachen Elementen komplexere Verbindungen entstehen: Aus Elementarteilchen entstehen Atome, aus einfachsten Molekülen komplexere Moleküle, die heute noch als Metaboliten in unserem Stoffwechsel zu finden sind. Das Leben ist nur deswegen entstanden, weil diese kleinen Moleküle ständig der Sonnenenergie ausgesetzt waren und sie diese irgendwie umwandeln mussten, um nicht selbst zerstört zu werden. Das ist heute immer noch so, denn unsere Gene machen nichts anderes, als die Umwandlungen dieser kleinen Moleküle effizient zu beschleunigen und zu steuern.

Nun kommt der nächste schwierige Schritt: Wie können aus den einfachen Bausteinen komplexere Strukturen entstehen, die wir als Leben bezeichnen? Um uns der Beantwortung dieser Frage nähern zu können, müssen wir zuerst herausfinden, welche die wichtigsten Eigenschaften von Lebewesen sind und welche Moleküle diese Eigenschaften tragen. (Siehe auch mein Buch »Die Henne und das Ei«.) Und sie bringt uns wieder dem Dämon nahe: Es braucht Wissen und Aufgaben. Information und Funktion.

In welchen Molekülen diese beiden Dinge stecken, wissen wir inzwischen ganz genau: In unseren heutigen Zellen trägt die DNA

(Desoxyribonukleinsäure) die Information, und die Funktion übernehmen die Proteine. Sie verrichten die Arbeit. Es wird aber angenommen, dass, bevor es diese Aufgabeteilung gab, beide in einem einzigen Molekül enthalten waren: in der RNA (Ribonukleinsäure).

Die sehr wahrscheinliche Theorie zur Entstehung des Lebens ist die RNA-Welt-Theorie. Sie besagt, dass es während des Ursprungs des Lebens eine Zeitspanne gab, in der RNA-Moleküle beide Funktionen innehatten: die Speicherung von Information *und* die Verrichtung von Arbeit, also Funktion. Die RNA besitzt beide Eigenschaften, die auch Maxwells Dämon braucht. Statt einen Dämon außerhalb des Systems zu postulieren, vereinen RNA-Moleküle beide seiner Fähigkeiten innerhalb des Systems. So einfach ist das.

Was ist RNA und wie ist sie entstanden? RNA-Moleküle bestehen aus unterschiedlich langen Ketten von chemisch miteinander verbundenen Bausteinen, den Ribonukleotiden. RNA-Bausteine können in Ursuppenexperimenten gefunden werden. Aber hier bestand für die Ursuppenforscher lange ein schwieriges Problem: Um aus einfachen RNA-Bausteinen längere RNA-Ketten zu bilden, braucht es Energie; es braucht aktivierte Bausteine, nicht nur einfache Bausteine. In den Ursuppenexperimenten gelang es lange Zeit nicht, aktivierte Ribonukleotide zu erhalten. Die heutigen aktivierten Nukleotide, die in der Zelle verwendet werden, sind Triphosphate, also drei aneinanderhängende Phosphate.

Auch schien es zu schwierig und chemisch nicht effizient, Basen an Zucker anzuhängen, um solche Ribonukleotide in Ursuppenexperimenten zu erzeugen. Bis die Idee aufkam, dass zyklische Monophosphate energiereich genug sind, um die Bildung von Ketten zu ermöglichen. 2009 kam der Durchbruch: Im Labor von **John Sutherland** konnte die Synthese von aktivierten zyklischen Ribonukleotiden unter Ursuppenbedingungen hergestellt werden. Das war wirklich eine Erleichterung! Denn wäre es nicht gelungen, zu zeigen, dass es chemisch möglich ist, aktivierte Ribonukleotide in Ursuppen zu erhalten, die sich ohne biologische oder aufwendige chemische Synthesen zu Ketten verbinden können, dann hätten wir uns eine neue Theorie ausdenken müssen. Und das wäre nicht so einfach, weil es sehr viele Hinweise für die Richtigkeit der RNA-Welt-Theorie gibt.

Was also bis jetzt gezeigt werden konnte, ist, dass diese aktivierten Ribonukleotide, unsere RNA-Bausteine, sich spontan unter Ursuppenbedingungen zu längeren RNA-Ketten verbinden können. Dazu haben und brauchen sie zuerst einmal keine Information. Es entstehen längere Ketten, die mit der Zeit Information generieren können. Wichtig für das Verständnis ist, dass die Information erst im Laufe des Prozesses entsteht, gemeinsam mit der Funktion. Nun braucht es nicht mehr viel, um zu rekonstruieren, wie Leben entstehen konnte. Die vier Bausteine der RNA – die Ribonukleotide Adenosin (A), Guanosin (G), Uridin (U) und Cytidin (C) – haben eine weitere äußerst wichtige Eigenschaft: nämlich die, dass sie »wissen«, mit wem sie wechselwirken sollen, damit Ordnung entsteht. A kann mit U wechselwirken (wir sagen dazu »paaren«), und G mit C. Das hat zur Folge, dass, sobald eine kurze RNA-Kette entsteht, ohne größere Probleme die dazu komplementäre Kette entstehen kann. Das funktioniert, indem die erste Kette als Matrize wirkt und die jeweiligen Basen daran binden und ebenfalls Ketten bilden können (Abbildung 3).

Damit wissen wir, wie es chemisch möglich ist, dass RNA-Ketten spontan entstehen und sich vermehren. Wir nennen diese auch Sequenzen. Aber wo ist die Information in diesen Sequenzen? Die Information steckt in der Reihenfolge der Bausteine auf der Kette (genau wie die Reihenfolge von Buchstaben die Information eines Wortes beinhaltet). Und damit eine RNA-Kette auch Information und tatsächlich Bedeutung bekommt, muss sie in der Lage sein, eine Aufgabe auszuführen. Kurze RNA-Ketten mit Zufallssequenzen haben noch keine erkennbare Funktion und ihre Information hat noch keine Bedeutung. Wenn man Buchstaben wahllos aneinanderreiht, entstehen ebenso zuerst einmal keine Wörter mit Bedeutung. Wenn man aber nur oft genug würfelt, dann werden sich mit der Zeit wahrscheinlich alle Wörter unserer Sprache würfeln lassen.

Wir müssen also oft genug würfeln – mit dem Ergebnis, dass wir eine enorm hohe Anzahl an unterschiedlichen Ketten erhalten, von denen nur ganz wenige tatsächliche Funktionen entwickeln können. Wichtig zu erwähnen ist, dass diese Ketten nicht sehr stabil sind und schnell wieder in einzelne Bausteine zerfallen. Es wird dann bald klar, dass stabilere Ketten sich mit der Zeit anreichern und unstabile schnell wieder verschwinden. Aber das genügt nicht, um die Ketten mit Bedeutung zu behalten und jene ohne Bedeutung zu verwerfen. Dafür ist es notwendig, dass inaktive Ketten abgebaut werden, damit die Bausteine wiederverwendet werden können.

Wie könnte diese Auswahl der nützlichen Sequenzen stattgefunden haben? Das ist nach der Generierung einer hohen Anzahl an Zufallssequenzen (Amplifikation) der zweite wichtige Aspekt der Evolution – die Selektion: die Trennung der aktiven von den nicht aktiven Elementen. Irgendetwas muss passieren, damit Ketten, die Funktion haben, selektiert werden, während jene ohne Funktion wieder abgebaut werden und frische Bausteine für neue Würfeldurchgänge liefern können. Recycling! Auch heute findet in unseren Zellen eine Wiederverwertung der RNA-Bausteine statt.

Das ist das grundlegende Prinzip der Evolution: Information entsteht aus Zufall und Notwendigkeit.

Information entsteht in dem Moment, in dem unter den zufällig gewürfelten Sequenzen welche dabei sind, die neue Eigenschaften entwickeln. Beispielsweise die Eigenschaft, die Entstehung neuer oder längerer Ketten zu fördern. Im System selbst entstehen Sequenzen, welche die eigene Vermehrung antreiben. Sobald in unserer RNA-Ursuppe Ketten entstehen, die das System positiv beeinflussen, braucht es nur noch einen weiteren wichtigen Schritt: Es braucht Kompartimentierung, damit die RNA-Ketten in der Ursuppe nicht davonschwimmen und damit die Trennung der aktiven von den nicht aktiven Ketten möglich ist. Diese Aufgabe wird heute in unseren Zellen von nicht wasserlöslichen Fettverbindungen (Lipiden) durchgeführt, den Zellmembranen. Es ist anzunehmen – und auch dafür gibt es eine lange Reihe an ursuppenartigen Experimenten –, dass diese mizellenartigen Gebilde die Trennung von RNA-Ketten möglich gemacht haben. Eine Ansammlung von RNA-Ketten, die von solchen Mizellen umgeben sind, ist bereits eine Art Urzelle oder Protozelle. Mit ziemlicher Sicherheit ist dies der Moment, in dem das Gebilde als lebend bezeichnet werden kann.

Diese Art von (sehr erfolgreichen) Experimenten zur synthetischen Biologie wird im Labor von Jack Szostak durchgeführt. Sie zeigen, wie es gewesen sein könnte: Die ersten, einfachsten zellenähnlichen Strukturen entstehen und können wachsen, wenn sie mit den richtigen Bausteinen gefüttert werden. (Siehe Abbildung 3)

Welche Eigenschaften müssen diese ersten RNA-Ketten haben, um dieses System immer effizienter zu machen? Zuerst gibt es eine Ansammlung von RNA-Ketten, die im Grunde keine Funktion haben. Im Tag-und-Nacht-Rhythmus werden sie gebildet und häufen sich an, dann werden sie wieder abgebaut und ein neues System baut sich auf. Ohne jegliches Ziel. Wenn aber nun rein zufällig Ketten entstehen, welche die Synthese von anderen Ketten etwas effizienter machen, dann ist das die Geburtsstunde der Biokatalyse.

Wenn in dieser Suppe Ketten entstehen, die Eigenschaften haben, welche dieses Spiel von Synthese und Abbau effizienter machen, dann ist das in meinen Augen bereits die einfachste Form von Leben. Es werden Moleküle entstehen, welche die Produktion von Bausteinen beschleunigen, dann welche, die den RNA-Ketten helfen, sich zu falten und zu entfalten. So einfach kann man sich die Entstehung des Lebens vorstellen und im Labor Stück für Stück nachmachen. Um zu zeigen, dass es chemisch möglich ist, dass so etwas entstehen kann. Ohne vorherigen Plan.

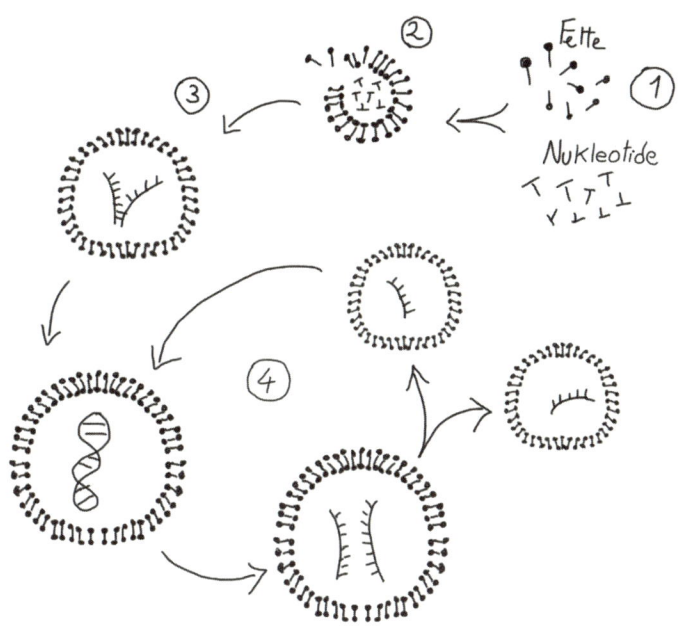

Abbildung 3:

1) Kleine Moleküle formen sich zu komplexeren Gebilden.

2) Fette bilden kleine Fettvesikel und schließen wachsende RNA-Ketten ein. Einzelbausteine können frei diffundieren, längere Ketten nicht.

3) Zuerst entstehen kurze RNA-Ketten, die dann als Matrize für weitere Ketten dienen können, weil die einzelnen Bausteine miteinander paaren.

4) Doppelsträngige RNA bildet sich eingeschlossen in einem Lipidvesikel. Wenn die Temperatur steigt (unter der Mittagssonne), dann trennen sich die Ketten, und sobald es etwas abkühlt, bilden sich weitere Ketten. Der Zyklus kann beginnen.

Es entstehen spontan neue Ketten, die abgeschrieben und vermehrt werden. Dabei entstehen immer mehr Variationen; es können hier Milliarden und Abermilliarden unterschiedliche Ketten entstehen. Jene mit besonders günstigen Eigenschaften bewirken, dass sich die Protozellen, in denen sie sich befinden, besser vermehren oder dass sie auch stabiler sind, und diese können sich durchsetzen. Protozellen mit nicht-funktionellen Bestandteilen gehen wieder verloren. Im Laufe der Zeit nimmt die Information zu. Ganz wichtig und überzeugend ist, dass einer dieser RNA-Bausteine namens ATP (Adenosintriphosphat, ein Adenosin mit drei Phosphaten) die Energiewährung der Zellen ist, auch heute noch. Dieses Molekül ist ein Baustein für Information, ein Baustein für Katalysatoren und auch noch die kurzfristige Speicherform für Energie. Genau das, was wir brauchen.

Was wäre gewesen, wenn diese ersten RNA-Ketten sich vermehrt hätten, ohne Variationen zuzulassen, also ohne Fehler zu machen? Die Evolution wäre nicht in Gang gekommen und unser Planet wäre heute wahrscheinlich bedeckt von dieser einen Art von RNA-Molekülen.

So sieht es aus, unser Bild vom Ursprung der biologischen Evolution: Komplexe Lebewesen entwickeln sich aus einfachen Bausteinen, ohne dass vorgegeben ist, wohin die Entwicklung gehen soll. Ohne dass ein Ziel vorgegeben ist. Atome kollidieren, doch diese Kollisionen haben meistens keine Konsequenzen; es passiert als Folge dieser Kollisionen in der absolut überwiegenden Anzahl der Fälle einfach überhaupt gar nichts. Doch manchmal gibt es Ereignisse, die etwas auslösen. Aus einer Kollision, bei der sich beide Kollisionspartner verbinden, entsteht eine neue Verbindung. Und manchmal hat diese neue Verbindung eine neue Eigenschaft, die sich für das System als günstig erweist. Dann wird das System vielleicht stabiler oder flexibler oder vielseitiger. Auf jeden Fall ist das System komplexer geworden – und wenn die neue Eigenschaft günstig ist, dann setzt sie sich vielleicht durch und vermehrt sich.

Da sich die Bedingungen im Universum ständig ändern und alles in Bewegung ist, entstehen ständig neue Kombinationen, die – je nach Rahmenbedingungen – unterschiedlich brauchbar oder unbrauchbar sind. Was sich bewährt, bleibt eine Zeitlang erhalten, bis neue Bedingungen kommen; was sich nicht bewährt, vermehrt sich nicht mehr und verschwindet unweigerlich. Im Großen und Ganzen entstanden alles Leben und das Universum durch die ständigen Kollisionen von Teilchen, seien es Elementarteilchen, Atome, größere Moleküle oder ganze Sterne. Und diese Teilchen lernen, Energie umzuwandeln und Ordnung herzustellen.

Die Frage nach den sich selbst ordnenden Systemen führt natürlich unweigerlich zur Diskussion über Schöpfung oder Evolution. Und diese scheint noch lange nicht zu Ende zu sein. Ein häufig erwähnter Konsens ist die Behauptung, Gott könne man nicht beweisen und auch nicht falsifizieren. Warum eigentlich? Weil man nur etwas beweisen oder falsifizieren kann, das genau definiert ist. Wie soll man etwas beweisen (oder falsifizieren), das man nicht einmal definieren darf, will oder kann? Wir können die Diskussion auch nicht einfach unter den Tisch fallen lassen, denn globalpolitisch ist sie eine sehr wichtige Frage. Politische und ethische Entscheidungen fallen nämlich grundlegend anders aus, je nachdem, ob man annimmt, dass die Welt ein sich selbst ordnendes oder ein von außen geplantes und gesteuertes System ist.

Ich sehe keine Notwendigkeit für die Annahme eines Schöpfergottes mit Weltplan. Es gibt einfach keine Hinweise darauf, dass es so etwas gibt. Ganz im Gegenteil: Je mehr wir über die Welt und das Leben wissen, desto klarer werden die Naturgesetze. Diese entstehen genauso wie alles andere als Folge von Zufall und Notwendigkeit.

Zufallsprozesse, sogenannte stochastische Prozesse, sind nicht zielgerichtet! »Gott« würfelt sehr wohl! Wir verstehen die Welt als Ergebnis unendlich vieler Möglichkeiten für stochastische Ereignisse. Der überwiegende Teil stochastischer Ereignisse hat keine Konsequenz und läuft ins Leere. Manche aber haben sehr wohl

Folgen und führen zu einer oft irreversiblen Veränderung oder Weiterentwicklung zu neuen Tatsachen und haben auch oft negative Folgen. Der Mensch lernt so wie die Natur: durch Versuch und Irrtum. Um etwas Neues zu entwickeln und zu erforschen, probieren wir es aus, ohne die Folgen zu kennen. Anders geht es nicht. Der Mensch hat sich auf diese Weise entwickelt, und durch diese Fähigkeit zur Kreativität und den Mut zum Risiko verbessert er auch genau diese Fähigkeiten. Er wird immer risikofreudiger und kreativer.

Neben der Frage, ob das Universum und das Leben geplante Prozesse oder Produkte eines sich selbst ordnenden Systems sind, steht noch eine andere, mindestens genauso wichtige und spannende: Wieso sind wir überhaupt in der Lage, uns diese wichtige Frage zu stellen? Wie kamen wir zur menschlichsten aller Eigenschaften, nämlich unsere eigene Existenz zu erfassen und daraus folgend den Begriff Zeit zu konzipieren?

Hier kommt jetzt der Gedanke, der dieses Buch trägt. Ein einfacher Gedanke, der mich dazu inspiriert hat, weiterzudenken: Evolutionsforscher haben erkannt, dass unser Gehirn vor rund 70 000 Jahren einen kognitiven Entwicklungsschub durchgemacht hat – mit dem Ergebnis, dass wir Dinge denken können, die es nicht gibt. Was für ein banal klingender Satz! Doch was für eine grundlegende Wendung!

Ich habe diesen genialen, weil so simplen Gedanken in **Yuval Hararis** Buch »Eine kurze Geschichte der Menschheit« gelesen. Dieser Moment, in dem unser Gehirn in die Lage gekommen ist, Dinge zu erdenken, die es nicht gibt – die es bis zu diesem Moment nicht gegeben hatte –, ist die Geburtsstunde der Kultur.

Die Geburtsstunde unserer Kultur! Seit diesem Zeitpunkt, ab dem der Mensch Dinge denken kann, die es nicht gibt, erfindet er alles, was ihm das Leben einfacher macht; alles, was ihm Vorteile verschafft. Von diesem Moment an greift er mehr oder weniger bewusst in sein eigenes Schicksal ein. Wieder so etwas, das sich selbst kontrolliert!

Das ist eines der schönsten Beispiele für sich selbst ordnende Systeme: Menschen haben eine Idee und bauen daraus Regeln und komplexe Staaten auf. Die Frage, ob es sich selbst ordnende Systeme gibt, ist von äußerster Wichtigkeit, denn sie entscheidet über die grundlegendste aller Tatsachen, die uns angehen: Entwickeln wir uns nach einem vorgegebenen Plan oder steht die Zukunft offen? Und: Haben wir als Folge dieser Offenheit Einfluss auf das Geschehen? Sind wir frei, das zu tun, was uns gerade freut? Sind wir uns bewusst, welche Folgen unsere Taten haben?

Diese Freiheit haben wir sehr wohl. Jedoch ergibt sich als Folge dieser Freiheit auch die Verantwortung für unsere Taten, sobald wir uns unserer Fähigkeiten bewusst werden. Als Steigerung dieser Verantwortung sehe ich unser Schicksal sogar als Verpflichtung: Wir sind ab nun verpflichtet, unser Dasein zu gestalten. Wir sind an einem Punkt in unserer Geschichte angelangt, wo es kein Zurück mehr gibt. Wir können uns nicht darauf verlassen, dass die Evolution unser Überleben bewerkstelligen wird. Das müssen wir schon selbst tun (falls wir es wollen). Aber ohne Plan?

Das Leben ist ein sich selbst ordnendes System! Die Menschheit ist ein sich selbst ordnendes System! Aber mit einem sehr wichtigen Unterschied: Seit der Homo sapiens kreativ geworden ist und Dinge erfindet, die ihm das Leben leichter machen, sind diese Erfindungen (meist) nicht mehr zufällig. Seine Erfindungen und Ideen haben die Evolution in der Weise geändert, dass der Mensch auf einmal den Pfad der biologischen Evolution verlassen möchte, um sie selbst zu gestalten.

Der Mensch als sich selbst ordnendes System denkt und entwirft zu einem bestimmten Zweck. Was sein Ziel ist, scheint nicht geklärt zu sein. Er scheint sich der Tragweite seiner Handlungen nicht bewusst zu sein. Hier muss der Mensch jetzt umdenken. Die nächste Version der Aufklärung ist notwendig, damit die Komplexität der vom Menschen gemachten Evolution erkannt werden kann. Aufklärung 2.0.

Der Mensch ist zum Dämon im Maxwell'schen Sinn geworden. Er hat Wissen und kann viele Arbeiten verrichten. Das Problem aber ist die Qualität seines Wissens: Dieses ist noch sehr mangelhaft und muss sich erst evolvieren, damit es jene Qualität erreicht, die notwendig ist, um eine Menschheit entstehen zu lassen, die besser ist als die vor dem Beginn seiner Kultur – und besser als die heutige.

KAPITEL 2

WANN DER MENSCH GELEBT HABEN WIRD

Zahlen mit vielen Nullen, eine kränkende Perspektive, ein sich ausweitendes Universum und das kurze Leben im Anthropozän.

Kein Grund zur Eitelkeit: Der Mensch ist nicht so wichtig, wie er glaubt. Ich möchte hier seine Existenz – die Zeit, in der der Mensch gelebt haben wird; die Zeit, bis die Biologie auf der Erde beendet sein wird – in eine angemessene Perspektive rücken. Der Mensch ist weder die Krone einer Schöpfung noch das Ziel der Evolution. Auch wenn sich einige Menschen für das Ebenbild Gottes halten: Dieses spiegelt eher den Charakter seiner Erfinder wider als die universelle Stellung der Menschheit. Um es klar zu sagen: Der Mensch ist nicht der Grund, warum es vor 14 Milliarden Jahren geknallt hat!

Wenn wir den Zeitraum, in dem der Mensch gelebt haben wird, in Bezug zur Existenzdauer unseres Universums setzen, werden wir sehr überrascht sein. Wie kurz ist doch die Lebensdauer des Homo sapiens! Ich finde es großartig, dass die Astrophysik in der Lage ist, solche Schätzungen und Berechnungen zu liefern.

Die Zeitspanne der Existenz unseres Universums wird auf etwa 10^{80} bis 10^{90} Jahre geschätzt. Das ist eine Zahl mit achtzig bis neunzig Nullen, also in etwa 1 000 000 000 000 000 000 000 000 000 000 000 000 000 000 000 000 000 000 000 000 000 000 000 000 000 000 000 000 000 Jahre. Wir befinden uns jetzt gerade bei 13,8 Milliarden, $1,38 \times 10^{10}$ Jahre nach dem Urknall. Das ist eine Zahl mit 11 Ziffern: 13 800 000 000 Jahre. Das Universum ist also erst am Anfang seiner Existenz. Und das ist jetzt die gute Nachricht: Wir müssen nicht befürchten, dass das Universum zu Ende geht, während es uns Menschen noch gibt. *Das* wird sicherlich nicht der Grund unseres Aussterbens sein.

Zur Entstehung unseres Universums gibt es eine bevorzugte Hypothese: die Urknall-Theorie. Ob es davor oder parallel dazu noch zur Entstehung weiterer Universen gekommen ist, können wir (noch) nicht feststellen. Die anderen Universen könnten einfach zu weit von uns entfernt sein, als dass wir sie wahrnehmen können. Oder die Elementarteilchen – oder woraus auch immer diese anderen Universen bestehen – sind für den Menschen vielleicht einfach nicht wahrnehmbar: Wir können nur Dinge sehen und messen, mit denen wir in Wechselwirkung treten können. Alles andere – andere Wellen, anderes Material – können wir vielleicht einfach nicht erkennen.

Was wir mittlerweile wissen, ist, dass unser Sonnensystem ein winzig kleiner Teil des Universums ist. Unsere Galaxie, die Milchstraße, ist nur eine von 100 000 Galaxien und ein kleiner Teil von Laniakea, einer Art Galaxienfeld, »Supercluster« genannt. Die Dimension dieses Clusters ist so gewaltig, dass wir sie mit unseren beschränkten Sinnen gar nicht wahrnehmen können. Im Verhältnis zu der uns bisher bekannten Ausdehnung des Universums ist die Erde nicht einmal ein Staubkorn.

Vor ungefähr 4,6 Milliarden Jahren entstand unsere Sonne aus einem Urnebel interstellarer Materie. Sterne ihrer Größe strahlen etwa 10 Milliarden Jahre lang mit einer Temperatur von 6000 Grad Celsius. Knapp die Hälfte ihrer Lebensdauer ist also für die Sonne nun schon vorbei.

Wir schätzen, dass das Leben auf der Erde vor etwa 3,5 Milliarden Jahren entstanden ist; da war die Atmosphäre in etwa so abgekühlt, dass Wasser nicht mehr vollständig verdampfte. Es war die Zeit der Ursuppe und des biologischen Urknalls, die Entstehung einzelligen Lebens wurde möglich (siehe Kapitel 1). Die ersten Menschen sind

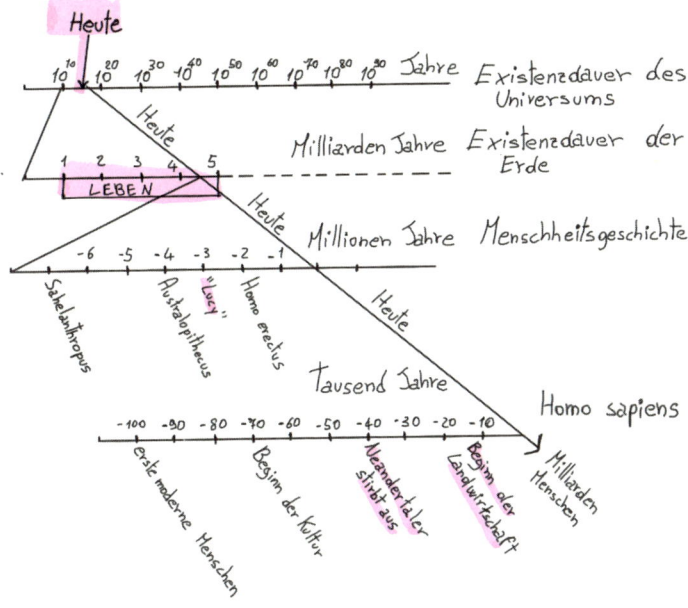

Abbildung 4:

Die Existenzdauer unseres Universums, verglichen mit der Existenzdauer des biologischen Lebens auf unserer Erde und der Menschheitsgeschichte.

Zeitstrahl: 10 hoch 90 Jahre – so lange wird das Universum in etwa bestehen. Markierung: wo wir jetzt sind, das Heute. Die Existenz des Menschen wird darin noch nicht sichtbar. Man muss dreimal in diesen Zeitstrahl hineinzoomen, um das menschliche Zeitalter in der Existenzdauer des Universums darstellen zu können. So kurz wird der Mensch auf der Erde gelebt haben.

vor etwa 2 Millionen (nicht Milliarden!) Jahren entstanden. Und den Homo sapiens gibt es erst seit ungefähr 100 000 bis 200 000 Jahren. Ganz genau kann man das nicht sagen – es ist kein singulärer Punkt, der seine Entstehung markiert, und letztendlich ist es auch eine Frage der Definition: Es gab menschenähnliche Arten, »Vormenschen«. Ich würde den »Homo« erst ab dem Moment, ab dem er Kultur hat, als »sapiens« bezeichnen. Also etwa seit 70 000, vielleicht bereits 100 000 Jahren. Aber auch 100 000 Jahre sind nur ein Wimpernschlag, verglichen mit den Milliarden Jahren seit der Entstehung des Lebens.

Das ist die Perspektive, der wir uns hiermit stellen: Vor 3,5 Milliarden Jahren ist das Leben entstanden. Und in 500 Millionen Jahren wird die Temperatur auf der Erde wieder so heiß sein, dass alles Wasser zum Kochen kommen und die Erde praktisch biologisch sterilisiert sein wird. Dann werden keine Bedingungen mehr herrschen, die ein Leben nach unserer Physiologie unterstützen. Das heißt, dass es auf der Erde 4 Milliarden Jahre lang biologisches Leben gegeben haben wird. Davon sind sieben Achtel schon vorbei.

Es wird noch ungefähr 6 Milliarden Jahre dauern, bis die Sonne ein Zehntel ihres Wasserstoffvorrates aufgebraucht haben wird, ihr Kern wird schrumpfen, die Leuchtkraft sich erhöhen, ehe sie sich zu einem roten Riesenstern ausweitet, der vermutlich wesentlich leuchtkräftiger als die heutige Sonne, aber auch kühler sein wird. Ihre Anziehungskraft verringert sich und die Planeten wandern von der Sonne weg nach außen. Die Erde wird etwa auf der jetzigen Marsumlaufbahn landen. Merkur und Venus sind dann schon verdampft, und auf der Erde wird es etwa 1200 Grad Celsius haben und biologisches Leben ohnehin längst nicht mehr möglich sein.

Die Erde ist das Zuhause des Menschen. Und dass sie einmal so heiß sein wird, dass es überhaupt kein biologisches Leben mehr gibt, ist eine Erkenntnis, die kränkend sein mag.

In den letzten Jahren konnte die Geometrie des Universums sehr gut bestimmt werden. So kann man auch Aussagen über den wahrscheinlichen Verlauf der kosmischen Expansion wagen. Und das ist ein unheimlich spannender Gedanke, nämlich: dass wir gerade jetzt, zu dem Zeitpunkt, existieren, an dem wir unser Universum wahrnehmen können. Unser Universum expandiert, weitet sich immer weiter und schneller aus, und irgendwann kommt der Zeitpunkt, an dem alle anderen Sterne zu weit entfernt von unserer Erde sind, als dass wir Signale von ihnen empfangen könnten. Dann würden wir nichts mehr um uns herum im All beobachten können. Dann würden wir annehmen müssen, dass wir allein im Universum sind. Wir könnten auch annehmen, dass wir der Mittelpunkt des Universums sind, weil sich alles von uns in alle Richtungen entfernt. Dem ist aber nicht wirklich so – das Universum weitet sich einfach aus. In etwa 10^{13} Jahren werden die ältesten heute bekannten Sterne ausgebrannt sein, und in etwa 10^{14} Jahren wird die normale Bildung von Sternen zu Ende sein und das Universum wieder dunkel werden.

Das Universum wird wie gesagt etwa 10^{80} bis 10^{90} Jahre lang existieren. Etwa 13,84 Milliarden Jahre nach seiner Entstehung, vor etwa 2 Millionen Jahren, entwickelten sich Menschen. Wie viele Jahre geben wir uns noch? 100 Jahre, sagen Pessimisten; eine Ebola-ähnliche Epidemie könnte das schnell erledigen. Ein paar Jahrtausende? 1 Million Jahre wären eine Sensation. Der Homo erectus (siehe Kapitel 3) hat über 1,2 Millionen Jahre lang gelebt und war, was seine Lebensdauer betrifft, viel erfolgreicher als der Homo sapiens. Selbst wenn wir uns noch ein paar Millionen Jahre halten (was nicht wahrscheinlich ist, aber seien wir optimistisch und gehen wir davon aus, dass wir wirklich weise werden und unsere zerstörerischen Kräfte in den Griff bekommen) – länger als 500 Millionen Jahre werden wir auf keinen Fall mehr leben. Zumindest nicht auf der Erde. Großzügig angenommen, werden wir also 10^6 Jahre kurz existiert haben. Und unser Universum 10^{90}.

Das ist jetzt die schlechte Nachricht – echt und wirklich schlecht, denn das ist nur mehr eine kurze Zeitspanne, die uns bleibt, verglichen mit den 3,4 Milliarden Jahren seit der Entstehung des Lebens, wenngleich noch eine relativ lange Dauer, verglichen mit der bisherigen Existenz des Homo sapiens.

Die Frage ist einfach, ob Homo sapiens – als einzig überlebende Art der Gattung Homo – durch seine kognitiven Fähigkeiten (siehe Kapitel 3) die anderen Menschenarten verdrängte, dann die Kräfte der natürlichen Selektion überwinden lernte und durch genetische Manipulation neue Eigenschaften erfand, nur um sich am Ende selbst zu vernichten. Und zwar, weil seine technischen Möglichkeiten und Fähigkeiten seine Intelligenz übertrafen und er sich schließlich selbst überholte. Der Mensch ist einer, der ständig Dinge ausprobiert, ohne zu wissen, was die Folgen sein werden. Genau wie die Evolution funktioniert, funktioniert auch die Entwicklung der menschlichen Kultur.

Wie genau es mit dem Menschen weitergehen wird, ist ungewiss. Nur so viel ist sicher: Wenn er noch länger als 500 Millionen Jahre leben will, muss er die Erde verlassen. Entweder hat es die Menschheit bis dahin zustande gebracht, einen Satelliten zu bauen, auf dem sie leben kann. Oder die Menschen der Zukunft haben ihr Bewusstsein in eine Form transferiert, welche die heißen Temperaturen aushält. Der Körper ist dann vielleicht nicht mehr wichtig, er ist ohnehin nur das Gerüst für das Gehirn – was den Menschen ausmacht, wird durch das Bewusstsein definiert. Das Gehirn als Sitz des Bewusstseins könnte sich verselbstständigen und die Fähigkeit zu einer neuen Selbstorganisation erlernen.

Wenn der Homo sapiens also etwa seit 100 000 Jahren die Erde bewohnt und seine Kultur entwickelt, so haben die letzten 200 Jahre eine ganz besondere Bedeutung: Seit gut zwei Jahrhunderten, seit dem Beginn der Aufklärung und der industriellen Revolution, hat der Mensch nicht nur auf sich selbst, sondern auch auf die Geologie der Erde einen starken Einfluss – er hinterlässt sichtbare Spuren. Das Anthropozän ist ein viel diskutiertes Zeitalter der Erde. In diesem ist der Einfluss des Menschen so stark, dass er selbst die terrestrische Geologie verändert. Der

Mensch ist ein geologischer, biologischer und atmosphärischer Faktor geworden. Er ist also dabei, seinen eigenen Planeten umzufunktionieren.

Klar ist: Wir müssen uns jetzt selbst darum kümmern, dass die Menschheit überlebt. Das wird niemand sonst für uns tun.

KAPITEL 3

WAS IST EIN MENSCH?

Der Mensch, der den Menschen betrachtet, seine Wandlung
vom Tier zum Erfinder, die Erkenntnis, ein Ungustl zu sein,
wachsendes Gehirnvolumen und wachsende Menschheit, große
Kränkungen – und das alles ohne Ziel.

Wir Lebewesen haben das meiste schon hinter uns (siehe Kapitel 2). Vor knapp 3,5 Milliarden Jahren ist das biologische Leben auf der Erde entstanden, spätestens in einer halben Milliarde Jahre wird es wieder vorbei sein. Dazwischen wird es irgendwann eine kurze Episode gegeben haben, ein Zeitalter, in dem die Spezies Mensch den Planeten Erde besiedelt haben wird.

Der Mensch hat aber sicherlich noch mehr Zeit vor als hinter sich, denn so lange gibt es ihn ja noch nicht. 500 Millionen Jahre lang könnte die Menschheit noch auf diesem Planeten verweilen, falls nichts Unerwartetes passiert. Dann aber wird die Erde zu heiß sein, um Leben in der jetzigen chemischen Weise noch unterstützen zu können. Den Menschen gibt es in der heutigen Form erst seit etwa 40 000 oder 70 000 bis 100 000 Jahren, je nachdem, welchen evolutionären Schritt wir als den wesentlichen betrachten.

Da stehen wir nun, bereits mitten im Problem: Wir sind es, die wir uns selber als Menschen definiert haben und noch weiterhin definieren. Zumindest in diesem Punkt sind wir die Handelnden im evolutionären Prozess der »Idee« Mensch. Wir erkennen ohne

Probleme, dass wir Menschen sind. Aber was unterscheidet uns von unseren Vorfahren, denen wir den Status »Mensch« nicht zuerkennen? In anderen Worten: Was ist der Mensch? Wie würden ihn Außerirdische beschreiben?

Ich möchte versuchen, auf Abstand zu gehen und uns – oder besser den Menschen – einmal durch eine etwas weniger selbstgefällige Brille zu betrachten. Diesen Menschen, der sich selbst »Homo sapiens« nennt, in der Meinung, er sei so besonders klug. Ja, der Mensch hat viele Fähigkeiten entwickelt, die man als besondere Leistung betrachten könnte. Aber sind diese besonderen Fähigkeiten am Ende seines Zeitalters wirklich ein Zeugnis seiner Klugheit oder eher das Gegenteil – ein Zeugnis davon, wie kurzsichtig, dumm und überheblich die Menschen in Wirklichkeit sind? Oder ein Beweis dafür, dass der Mensch wirklich erkannt hat, wie die Welt funktioniert und wie er seine Evolution selbst auf kluge Weise in die Hand nehmen kann? Und dies dann auch tatsächlich tut?

Wie ist aus dem Tier ein Mensch geworden? Diese Wandlung war kein zielgerichteter oder gar linearer und gewollter Prozess. Es waren viele Versuche notwendig, viele fehlgeschlagene Experimente der Natur, um schließlich diesen Homo sapiens hervorzubringen.

Die biologische Evolution läuft, gemessen am Zeitalter des Universums, relativ schnell ab. Und deshalb drängt sich die Frage auf, wie die Entwicklung des Menschen weitergehen könnte – obwohl das eine sinnlose und unwissenschaftliche Frage ist, denn evolutionäre Entwicklungen sind, wie die Entwicklung von komplexen Systemen ganz allgemein, nicht vorhersagbar. Vielmehr wird die Evolution durch eine Vielzahl an zufälligen Ereignissen angetrieben. Aus diesem Grund finde ich es sinnvoller, die Entwicklung des Menschen rückblickend zu analysieren, um eventuelle Regeln zu erkennen und um vielleicht zu entdecken, welche besonderen Ereignisse maßgebliche Folgen für die Evolution des Menschen hatten. Rückblickend lässt sich leicht erkennen, welche Konsequenzen manche Ereignisse, Erfindungen und Entdeckungen gehabt haben. Zum Zeitpunkt der Ereignisse selbst war das aber mit Sicherheit nicht möglich.

Eine erste Erkenntnis aus der Evolutionsgeschichte ist die Tatsache, dass eine der wichtigsten Eigenschaften, um zu überleben, die Fähigkeit zur Anpassung ist. Man nennt sie auch Adaptation: Laut **Charles Darwin** überlebt nicht der Tüchtigste oder Stärkste, sondern der Anpassungsfähigste. Intelligenz sollte man als Anpassungsfähigkeit sehen, als die Fähigkeit, sich die Frage zu stellen: »Wie komme ich mit neuen Rahmenbedingungen zurecht?« Und nicht seine ganze Anstrengung dahingehend zu verschwenden, dass alles so bleibt, wie es »immer« war.

Von allen Geschichten, die wir erzählen können, ist die Geschichte der Menschwerdung mit Sicherheit die spannendste. Denn wir wollen ja wissen, wer wir sind, und eine gute Strategie, um eine Antwort auf diese Frage zu erhalten, ist, zu erforschen, woher wir kommen und wie wir zu dem geworden sind, was wir sind.

Wenn wir diese Geschichte des Menschen und seines Werdeganges erzählen wollen, um die Frage zu beantworten, wie aus einem Tier ein Mensch geworden ist, dann müssen wir zuallererst einmal festlegen, wie wir den Menschen definieren. Was ist der Mensch und was macht ihn zum Menschen? Da beginnen nun die wahren Probleme: Die meisten Menschen hätten gerne, dass sie etwas Besonderes und Einzigartiges sind, zum Beispiel das Ebenbild Gottes. Sein kulturgeprägtes Wunschdenken steht dem Menschen da wirklich im Weg. Ich möchte erst gar nicht auf eine solche Definition eingehen, denn damit kommen wir nicht weiter.

Nun, der Mensch ist aber wirklich einzigartig. Weil er, der Homo sapiens, ganz allein auf der Erde ist – es gibt neben ihm keine anderen Arten der Gattung Homo. Natürlich gibt es viele Arten von Säugetieren, Vögeln, Fischen oder Insekten, aber Menschenart gibt es nur noch diese eine. Das verleitet den Homo sapiens, zu glauben, dass er ein Merkmal haben muss, das ihm eine besondere Stellung zuordnet. Er hat als einzige Art der Gattung Homo überlebt. Doch was sagt das über ihn aus? Dass er sich am besten anpassen konnte? Oder hat er nicht vielmehr allen anderen Menschenarten die Lebensgrundlage zerstört und seine Gattungsgenossen dadurch schlicht und ergreifend vernichtet?

Das ist das erste wirklich schreckliche Bild, das ich hier hervorheben möchte: Der Homo sapiens ist ein aggressives, mörderisches Wesen, das wie keine andere Gattung mordet. Aus welchen Gründen auch immer. Der Homo sapiens ist ein Ungustl!

Wir müssen mit dem Gedanken zurechtkommen, dass wir eine sehr aggressive Spezies sind und viele Arten von Tieren – nicht nur Menschen – ausgestorben sind, weil wir sie ausgerottet haben.

Wie komme ich überhaupt dazu, eine solche Aussage zu machen? Woher wissen wir oder warum können wir annehmen, dass der Homo sapiens seine Artgenossen vernichtet hat? Hat es denn eine Zeit gegeben, in der mehrere Menschenarten gleichzeitig auf der Erde lebten? Hatte der Homo sapiens Kontakt mit anderen Menschenarten? Und wenn ja, woher wissen wir das? Bei der Beantwortung dieser Frage hilft uns der Schwede **Svante Pääbo**. Er konnte mittels DNA-Analysen von ausgestorbenen Menschenarten herausfinden, dass der Homo sapiens in seiner Geschichte sehr wohl mit anderen Arten zusammengekommen ist und sogar Nachkommen gezeugt hat: mit dem Neandertaler und dem Denisova-Menschen (siehe Kapitel 6).

Doch zurück zur Frage, wie der Mensch entstanden ist, und dem wichtigsten Satz von **Charles Darwin**: Es überlebt, was sich am besten anpassen kann. Alles ist in ständiger Veränderung und Anpassung. Die Angst vor Veränderung ist verständlich, denn es gibt ja immer die Möglichkeit, dass man die Anpassung nicht bewältigt. Diese Veränderungen bedeuten auch immer Stress für die Beteiligten. Wir, die wir heute leben, haben alle diese Veränderungen und Anpassungen gut überstanden. Sonst wären wir heute nicht hier. Wir haben schon ganz schön viele schwierige Situationen gemeistert. Diesen Gedanken finde ich enorm versöhnlich. Da bin ich richtig stolz auf den Menschen; in mancher Hinsicht finde ich ihn – uns – toll. Aber dann auch wiederum gar nicht: Eigentlich könnte der Mensch super sein, aber seine Gier und seine Eitelkeit machen so viel zunichte. Vielleicht werden es diese Eigenschaften sein, die ihn dann doch ausrotten. Bis jetzt ist er aber noch einigermaßen erfolgreich und hat sich ordentlich vermehrt: Über 7 Milliarden Exemplare des Homo sapiens leben heute auf der Erde.

Bis jetzt hat er alle Veränderungen überlebt. Vor etwa 23 Millionen Jahren, im Miozän, veränderte sich das Klima in Afrika und Asien. Infolgedessen verschwand ein Großteil der Regenwälder. Graslandschaften entstanden. Einige Lebewesen, darunter auch die Vorfahren des Homo sapiens, passten sich an die neuen klimatischen Bedingungen an. Sie richteten sich langsam auf, um über die Graslandschaft blicken zu können. Dieser Prozess hat sehr lange gedauert. Der aufrechte Gang, das Gehen auf zwei Füßen, Bipedie genannt, ist ein erstes wichtiges Merkmal, das wir dem Menschen zuschreiben. Zu dieser Zeit, vor ungefähr 7 Millionen Jahren, trennten sich auch die Stammeslinien von Menschen und Schimpansen. Um auf solche theoretischen Szenarien zu kommen, sammelten Paläontologen Skelette von ausgestorbenen Tieren und Menschenarten, bauten diese wie ein Puzzle zusammen und zogen erstaunliche Schlüsse aus diesen Funden. Eines dieser Skelette wird Lucy genannt. Sie ist der Star der Anthropologie. Sie lebte vor 3,5 Millionen Jahren, war 1,2 Meter klein, ging bereits aufrecht und war eine Australopithecin.

Der aufrechte Gang, die Bipedie, hatte ganz entscheidende Folgen für die Evolution des Menschen: Nicht nur sein Körperbau musste sich ändern, um sich der neuen Fortbewegungsform anzupassen, auch seine oberen Extremitäten wurden dadurch frei, um Dinge in die Hand zu nehmen. Dieser aufrechte Gang eröffnete unglaubliche Möglichkeiten: Der Mensch konnte mit seinen Händen Futter sammeln, es besser pflücken. Auf einmal konnte er das Futter auch zu einem sicheren Platz tragen oder seinen Artgenossen Nahrung bringen. Er konnte seine Kinder besser tragen. Es änderten sich die Ernährungsgewohnheiten und der Kauapparat passte sich an. Er konnte dadurch nährstoffreichere Knollen und Wurzeln essen, was wiederum den weiteren, wichtigsten Evolutionsschritt für den Menschen möglich machte: Durch die kalorienreichere Nahrung konnte sich sein Gehirn entwickeln und auf ein Mehrfaches seiner ursprünglichen Größe anwachsen.

Das Gehirn braucht sehr viel Energie, und die Nahrung der affigen Vorfahren des Menschen war zu unergiebig, um ein solches Wachstum des Gehirns zu ermöglichen. Erst als die Menschen anfingen, Knollen und Wurzeln zu essen, die wesentlich nahrhafter sind, war genug Energie vorhanden, um ihre Gehirne wachsen zu lassen. Auch entstand die Fähigkeit, Fett als Reserve anzulegen, um das Gehirn in Zeiten knapper Nahrung zu versorgen.

Während der Australopithecus vor 3 Millionen Jahren ein Schädelvolumen von zirka 500 cm³ hatte, hatte der Homo habilis vor 1,75 Millionen Jahren bereits eines von 600 cm³, der Homo erectus vor 0,7 Millionen Jahren 900 cm³ und der Homo sapiens vor 200 000 Jahren 1500 cm³. Dieses signifikante Wachsen des Gehirns betrachten wir als die alles entscheidende Entwicklung im Laufe der Evolution des Menschen. Und es ist ein gutes Beispiel dafür, wie veränderte Bedingungen jene Anpassungen hervorrufen, die zu ganz neuen und nicht vorhersagbaren Entwicklungen führen.

Diese Veränderungen fanden in einer aus heutiger Sicht ziemlich langen Zeitspanne von 3 Millionen Jahren statt. In dieser Zeit ist sehr viel passiert, und die Menschenforscher sammeln und finden immer mehr Relikte, um ein immer schärferes und genaueres Bild der menschlichen Evolution zu erhalten. Dabei wird noch immer intensiv diskutiert, wann was passierte und wer mit wem verwandt ist. Es existieren einige sich widersprechende Theorien, welcher Hominide der erste war. Aber das ist auch gar nicht so wichtig. Viel wichtiger ist, dass es immer wieder sich verändernde Bedingungen gab. Nicht nur zeitlich, sondern auch örtlich: Unsere Vorfahren wanderten über die Erde und passten sich den jeweiligen örtlichen Bedingungen an. Und jene Vorfahren, die sich an neue Bedingungen anpassen mussten, um zu überleben, sowie jene, die sich Dinge am besten zunutze machen konnten, haben gewonnen. Als besonders anpassungsfähig hat sich, wie wir wissen, der Homo sapiens herausgestellt.

Auch über die Entstehung des ersten Hominiden gibt es zahlreiche sich widersprechende Geschichten. So wurde über frühgeschichtliche Funde menschlichen Lebens in den Otavibergen in Namibia berichtet. 10 bis 15 Millionen Jahre sollten diese Funde alt und damit die ältesten Siedlungsgebiete der Welt sein. Die Quelle dürfte allerdings falsch sein. Gesichert ist die Tatsache, dass sich vor etwa 5 bis 7 Millionen Jahren die Wege der Hominiden von den Schimpansen (die dem heutigen Menschen genetisch am nächsten sind) trennten. Davor gab es eine gemeinsame Vorstufe von Menschenaffen, die aufrecht gingen. Wann dieser aufrechte Gang entstanden ist, wird noch heftig diskutiert. Den Zeitpunkt finde ich aber nicht so wichtig, ein paar (Millionen) Jahre auf oder ab ändern nichts an der Tatsache, dass diese Entwicklung stattgefunden hat.

Vor 5 bis 7 Millionen Jahren also hat in Afrika der erste zweifüßige Hominide gelebt, der Sahelanthropus. Die Gelehrten streiten sich aber noch, ob es sich dabei um einen Vorfahren der Hominiden oder der Schimpansen handelt. Es ist nicht einfach, diese Klassifizierungen herzustellen. Wichtig für unser Welt- oder vielmehr Menschenbild ist, dass sich der aufrechte Gang entwickelte und die Menschen und die Schimpansen getrennte Wege gingen. Die einen aufrecht, die anderen nicht.

An dieser Stelle möchte ich eine ganz besondere Frau vorstellen: **Elaine Morgan**. Sie hat eine Theorie aufgestellt, die mir sehr gut gefällt, die aber unter den männlichen Anthropologen viel Kritik erntet und ignoriert wird: die Wassertheorie. Sie hat eine lange Reihe an Argumenten gefunden, die für mich genauso überzeugend sind wie die eher androzentrische Savannentheorie. Morgan betrachtet nicht nur den männlichen Jäger und Sammler als treibende Kraft der Evolution, sondern wirft auch einen Blick auf das Verhalten der Frauen und vor allem auf deren Kinder, die überleben müssen, damit eine Spezies am Leben bleibt. Ihre spannende Erkenntnis ist, dass viele Merkmale des modernen Menschen, vor allem der aufrechte Gang, sich deswegen entwickelt haben, weil die Menschen sich in der Nähe von Seen und Küsten im Wasser aufhielten und im Wasser aufrichteten.

Diese Theorie widerspricht der allgemein akzeptierten Savannentheorie eigentlich nicht, sondern ist eine wichtige Ergänzung. Denn viele Eigenschaften entwickelten sich in getrennten Populationen, die sich anschließend paarten und diese Eigenschaften somit gemeinsam aufwiesen. Elaine Morgan meint, wir hätten uns aufgerichtet, weil wir ins Wasser gegangen sind und dort stehen gelernt haben, und dass wir dadurch auch die Fähigkeit entwickelt hätten, kontrolliert zu atmen. Das erlaubte die Entwicklung der Sprache. Die Tatsache, dass wir nackt wurden, sei ebenso eine Folge des Wassers. Und wenn wir uns anschauen, wie unsere Körperbehaarung verläuft, dann spricht viel dafür, dass wir im Wasser geschwommen sind: Unsere stromlinienförmig verlaufende Behaarung zeugt von unserem Aufenthalt im Wasser. Auch dass wir Fett unter der Haut speichern und die Art, wie unser Körperfett verteilt ist, erinnert eher an Tiere, die sich sowohl im Wasser als auch auf dem Land bewegen, als an reine Landbewohner, die nicht ins Wasser gehen.

Elaine Morgan war außerdem eine begeisterte Feministin und untersuchte den Einfluss des Verhaltens der Frauen auf unsere Evolution. (Mehr dazu in Kapitel 10.)

Vor etwa 2,5 Millionen Jahren entstanden die ersten Menschenarten aus dem Vorfahren Australopithecus. Vor etwa 2 Millionen Jahren wanderte erstmals eine Gruppe aus Afrika aus und besiedelte Teile Asiens und Europas. In Afrika sind sehr viele Menschenarten entstanden, sie entwickelten sich dort über Millionen von Jahren und waren nicht mobil. In Afrika gibt es deshalb auch heute noch eine hohe genetische Diversität. Vergleicht man

Afrikaner untereinander, so sind sie genetisch sehr unterschiedlich – viel unterschiedlicher als der Rest der Weltbevölkerung.

Der aufrechte Gang hatte noch eine weitere wichtige Folge: Der Mensch bekam damit die Möglichkeit, Werkzeuge in die nun frei gewordenen Hände zu nehmen. Es entwickelten sich viele feinmotorische Fähigkeiten. So funktioniert Evolution: Wenn es auf einmal die Möglichkeit gibt, wird sie auch genutzt. Und wenn sie sich als großer Vorteil herausstellt, vermehrt sich diese neue Fähigkeit anschließend viel schneller. Der Druck zum aufrechten Gang ergab sich aus der Notwendigkeit, über das Savannengras schauen oder den Kopf aus dem Wasser halten zu können. Die Folge war die Entwicklung der Hand zu einem hoch spezialisierten Organ.

Natürlich sind das alles Spekulationen und Interpretationen aus Funden und Beobachtungen – Geschichten eben. Niemand kann in jene Zeit zurückreisen. Aber wir können heute noch Fakten über alte Zeiten sammeln. Fragen nach dem Warum und die Suche nach geeigneten Fakten, um diese Fragen zu beantworten, sind ein guter wissenschaftlicher Ansatz. Wir sollten uns aber stets bewusst sein, dass wir viele Fakten brauchen, um Hypothesen zu unterstützen, und dass wir oft an unseren Theorien hängen, weil wir sie mögen und sie plausibel erscheinen.

Als gesichert gilt die Annahme, dass jene Ereignisse, welche die größten Veränderungen in der Evolution bewirkt haben, klimatische Veränderungen waren. Unsere Vorfahren lebten zuerst in dichten Wäldern auf Bäumen und ernährten sich von dem, was sie im Wald zur Verfügung hatten. Dann wurde es trockener, sodass die Wälder weniger wurden und Savannen überhandnahmen. Die Lebewesen mussten in die Nähe von Wasser wandern. Die Folgen dieser massiven Veränderungen waren ausschlaggebend für die Evolution: Bei klimatischen Veränderungen sterben viele Arten aus und anschließend entwickeln sich unter diesem großen Druck neue Fähigkeiten. Wir vermuten heute, dass über 99 Prozent aller Arten, die es bis jetzt gegeben hat, bereits ausgestorben sind.

Unsere Vorfahren verließen die Wälder und lernten den aufrechten Gang, veränderten ihre Ernährung, verlernten die Fähigkeit zu klettern und wurden dafür zu ausdauernden Läufern, Jägern und Sammlern. Hier kommt eine weitere spannende Frage auf: Warum haben die Menschen ihre Körperbehaarung fast vollständig verloren? Eine mögliche Erklärung ist, dass sich der Mensch bei lang anhaltenden körperlichen Leistungen (Laufen und Hetzen) dadurch gut abkühlen konnte und sein Körper nicht überhitzte, wie das bei den meisten behaarten Lebewesen der Fall ist. Tiere mit dichtem Fell können ihre Körpertemperatur nicht so effizient über die Haut steuern. Dadurch konnte der Mensch Tiere jagen, bis diese erschöpft zusammenbrachen. Er selber wurde zum Marathonläufer, ohne zu überhitzen. Oder wenn wir die Wassertheorie betrachten, haben wir die Körperbehaarung verloren, weil Fell im Wasser hinderlich und ein nasses Fell außerhalb des Wassers belastend ist.

Der Homo erectus, einer unserer Vorfahren, der sehr lange auf der Erde überlebt hat, war der erste Homo, der das Jagen als Nahrungssicherung zu nutzen lernte. Er lernte auch, Wurfgegenstände in die Hand zu nehmen, und die Evolution seiner Schultern ermöglichte es ihm auf einmal, Gegenstände bei der Jagd zu werfen. Er war auch der Erste, der das Feuer benutzte! Eigentlich ist der Homo erectus der erfolgreichste Mensch, denn es gab ihn über eine Million Jahre lang. Den Homo sapiens gibt es erst seit zirka 100 000 bis 200 000 Jahren. Um so erfolgreich wie der Homo erectus auf der Erde zu überdauern, müssten wir also noch eine Million Jahre überleben.

Vor rund 200 000 Jahren entwickelte sich der Homo sapiens aus Homo erectus, der vor etwa einer Million Jahren aus Homo habilis entstand, dieser wiederum vor etwa 3 Millionen Jahren aus Australopithecus und so weiter. Umgekehrt hat auch Homo sapiens eine rasante Fortentwicklung erfahren: Seit erst etwa 40 000 Jahren gibt es den heutigen modernen, besonders weisen Menschen, die Unterart Homo sapiens sapiens, deren Lebensweise kulturgeprägt

54

ist. Die Entwicklung des Menschen steht nicht still. Wir verstehen immer besser, wie die Welt funktioniert, und nutzen jetzt unsere moderne Technik, um uns effizienter anzupassen.

Der Übergang vom Tier zum Menschen war kein eindeutiger. Wir müssen uns vorstellen, dass es ein allmählicher Übergang war, mit unterschiedlichen Geschwindigkeiten und Ausprägungen – je nachdem, wo unsere Vorfahren lebten. In unterschiedlichen Teilen Afrikas waren unterschiedliche Fähigkeiten notwendig. Und am Ende bleibt es sowieso uns überlassen, wie wir den Menschen definieren: als hockendes Wesen, das Steine klopft, oder als Wesen, das über seine eigene Existenz nachdenken kann und dadurch den biologischen Pfad der Evolution verlässt.

Es muss nicht sein, dass sich alle diese Fähigkeiten bei einer einzigen Menschenart linear entwickelten. Spezialisierungen entstehen an unterschiedlichen Orten, und wenn der Mensch auf Wanderschaft geht, begegnet er anderen Menschen mit anderen Fähigkeiten, paart sich mit diesen, und schon vermischen sich die Fähigkeiten zu neuen Kombinationen. Dass dem so war, können wir jetzt nachweisen, indem wir die Genome ausgestorbener Menschenarten mit unseren Genomen vergleichen. So vermuten wir heute, dass wir unsere helle Haut vom Neandertaler haben (mehr dazu in Kapitel 6).

Diese Überlegungen bringen uns zum letzten wichtigen Entwicklungsschritt der menschlichen Evolution: Durch den aufrechten Gang und die Fähigkeit, sich immer bessere Nahrung zu sichern, wuchs das Gehirn des Menschen so weit, dass es auf einmal – vor zirka 70 000 bis 100 000 Jahren (das ist also noch gar nicht so lange her) – in der Lage war, Dinge zu denken, die es nicht gibt!

Ja, Dinge zu denken, die es nicht gibt! Der Mensch wird zum Denker, zum Philosophen, zum Erfinder, zum Gestalter! Zum Homo sapiens sapiens. Das ist der Mensch: ein intelligentes Wesen mit einem großen Gehirn, das aufrecht geht, sich seiner Existenz bewusst ist und immer mehr Dinge erfindet, die ihm das Überleben leichter machen.

Und er ist (leider) noch viel mehr – eben auch ein echter Ungustl. Ein aufrecht gehendes Wesen mit großem Gehirn, das sich mit seinen überheblichen Mythen und Ideen über alle anderen Tiere und auch Menschen erhoben hat. Er verdrängte alle anderen Menschenarten, vermischte sich zwar mit ihnen, blieb aber am Ende allein über. Ein Massenmörder. Wenn man die Taten ideologisch verblendeter Menschen betrachtet, wie sie andere abschlachten, kommt man tatsächlich zu diesem Schluss: Der Homo sapiens ist eine Fehlentwicklung. Ich glaube, dass das dazu führen könnte, dass er doch nicht so lange überleben wird, wie es die Natur ihm ermöglicht hätte.

Warum ist der Homo sapiens so erfolgreich? Warum ist es ihm gelungen, alle anderen zu übertrumpfen und sich auf 7 Milliarden Exemplare zu vermehren?

Vor 70 000 Jahren begann der Ungustl zu denken, vor 12 000 Jahren wurde er sesshaft. Er begann nicht nur zu essen, was gerade greifbar war, sondern er züchtete gezielt, was er brauchte, und lernte, Reserven anzulegen. Seine Lebensumstände änderten sich wieder signifikant. Er begann, Häuser zu bauen, sich zu kleiden. Er begann, Tiere und Pflanzen nach seinen Bedürfnissen zu züchten. Vor 500 Jahren begann das Zeitalter der Wissenschaft und Technik. Ein Zeitalter, in dem der Mensch gelernt hat, Energie zu mobilisieren – er erfand den Verbrennungsmotor. Seitdem vermehrt er sich grenzenlos.

Nachdem der Homo vor 40 000 bis 70 000 Jahren zum sapiens wurde und gelernt hat, zu denken und zu erfinden, hat er ganz neue soziale Strukturen aufbauen können. Er hat sich in größeren Gruppen organisiert, hat Mythen erfunden, die diesen Gruppen einen identitätsstiftenden Zusammenhalt ermöglichten. Er hat sich Feindbilder erdacht und jene, die diesen entsprechen, dann radikal bekämpft. Das ist wahrscheinlich auch ein Grund, warum der Neandertaler ausgestorben ist: Dieser hat in kleineren Gruppen gejagt. Und zwar nur das, was er gerade brauchte. Der Homo sapiens hat ihm wahrscheinlich die Ressourcen weggenommen.

Der Neandertaler ist vor 30 000 bis 40 000 Jahren ausgestorben. 40 000 Jahre lang gab es also Homo sapiens und Neandertaler gemeinsam auf der Erde. Sie hatten oft miteinander Sex (mehr dazu in Kapitel 6).

Warum der Neandertaler ausgestorben ist, ist bis heute unklar. Die Wahrscheinlichkeit ist aber hoch, dass der Homo sapiens ihn verdrängte – er, der so stolz ist auf seine Kultur.

Auch im vorigen Jahrtausend sind radikale Genozide passiert: Die spanischen Conquistadores fielen über die Maya und Inka hier. In Nordamerika hat sich die ursprüngliche indianische Bevölkerung durch die »Missionierung« von 55 Millionen auf 5 Millionen dezimiert. In Tasmanien haben die Engländer die Tasmanier sogar bis zum Aussterben missionieren lassen. Der Holocaust im 20. Jahrhundert. Und auch im 21. Jahrhundert geht das Massenmorden weiter. In den USA sterben jährlich über 30 000 Menschen durch private Schusswaffen. Ganz zu schweigen davon, was sich derzeit in der muslimischen Welt abspielt.

Trotz aller Massenmorde ist die Menschheit in den letzten 200 Jahren exponentiell auf über 7 Milliarden angewachsen. Nicht weil die Menschen mehr Kinder gebären – nein, sie gebären sogar eher weniger Kinder als früher. Der große Unterschied ist die niedrige Kindersterblichkeit (in den Ländern der »westlichen« Welt ist die Kindersterblichkeit nahe null) und die immer höhere Lebenserwartung. Die Statistik über die Lebenserwartung zeigt, wie schnell sich der Mensch und seine Gesellschaft ändern können: Um 1870 war die Lebenserwartung in Deutschland für einen Mann 36 und für eine Frau 38 Jahre. Um 1960 betrug sie 67 und 72 und heute liegt sie bereits bei 85 und 89 Jahren. Das ist mehr als eine Verdoppelung der Lebenserwartung in etwas mehr als 100 Jahren!

Was bedeutet das? Steht die Evolution still? Vermehren wir uns auf so unsterbliche Weise, weil wir bereits »fertig« evolviert und perfekt sind? Übt die Natur keinen Selektionsdruck mehr auf uns? Hat sich der biologische Selektionsdruck auf einen kulturellen Selektionsdruck verlagert?

Die Antwort ist: Nein! Die Evolution steht nicht still, eher das Gegenteil ist der Fall. Der Homo sapiens ist seit vielen Jahren der Meinung, er sei das Ziel der Evolution. Die Evolution nimmt aber auf diese Selbsteinschätzung keine Rücksicht. In den letzten 5000 Jahren ist die Evolution schneller vorangetrieben worden als je zuvor. Das haben moderne Genforscher, die Tausende menschliche Genome von heutigen und früheren Menschen verglichen haben, herausgefunden. Der Grund für diese beschleunigte Evolution liegt darin, dass wir uns so stark vermehren und uns auch auf der ganzen Welt miteinander paaren. Früher, vor 11 000 Jahren, gab es zirka 5 Millionen Menschen, um das Jahr null zirka 300 Millionen, heute eben über 7 Milliarden. Bei jedem Kind, das geboren wird, entstehen zirka 100 neue Genvariationen. Das hat zur Folge, dass die Neandertaler vor 40 000 Jahren genetisch dem Homo sapiens ähnlicher waren als die alten Ägypter, die die Pyramiden gebaut haben, den Ägyptern, die heute dort leben (siehe Kapitel 6).

Die genetische Diversität auf der Erde ist heute sehr hoch. Das ist eine sehr gute Voraussetzung für zukünftige Entwicklungen. Viel entscheidender ist jedoch unsere (mangelnde) kulturelle Vielfalt. Kultur ist wichtig für unsere Identität – heute mehr denn je. Ein Jugendlicher aus Wien und einer aus Tokio, die beide in der Großstadt leben und multimedial verbunden sind, sind sich kulturell ähnlicher als eine Wienerin und eine Person aus dem Land Salzburg, wenn beide nicht »im Netz« sind. Die urbanen Jugendlichen tauschen sich untereinander aus, ihre Kultur gibt ihnen eine neue, globale Identität.

Für mich ist das ein Gedanke, der viel Hoffnung birgt. Dass die Kultur nicht nur Grausames, sondern auch Hervorragendes hervorbringt. Kultur sollte zum Ziel haben, Menschen zu verbinden. Menschengruppen, die abgeschirmt sind von der globalen Kultur, entwickeln ganz unterschiedliche Identitäten. Das gilt für eine isoliert lebende Familie am Land, für die Menschen in Nordkorea oder Frauen in Saudi-Arabien, die wegen einer religiösen Barriere nicht an der globalen Kultur teilhaben dürfen. Heute hat die globale Kultur einen wesentlichen Anteil an der Identitätsfindung junger Menschen. Daher wäre es wichtig, dass diese Kultur verbindend und nicht spaltend ist.

Unsere Kultur hat eben einen sehr starken Einfluss auf unsere Evolution. Während der längsten Zeit der Evolution mussten sich Lebewesen an eine sich ständig ändernde Umwelt anpassen. In den letzten paar Tausend Jahren passiert aber ein ganz neues Phänomen: Der Mensch verändert und gestaltet seine Umwelt selbst. Er beginnt, die Umwelt an seine Bedürfnisse anzupassen. Dieses Phänomen nennen Evolutionsbiologen »Nischenbildung«. Wir bauen Häuser und Städte, die immer größere Ausmaße annehmen. Es wird bald Menschen geben, die nie eine natürliche Umwelt sehen. In den letzten 200 Jahren ist dieser Umbau des Planeten durch den Menschen so dominant geworden, dass eine eigene Bezeichnung für dieses Zeitalter geschaffen wurde: das Anthropozän (siehe Kapitel 11).

Nicht nur seine Umwelt gestaltet der moderne Mensch. Die Genforschung ist heute technisch so weit, dass wir eine Vielfalt gewollter Mutationen in jeden Embryo einführen können. Die Sehnsucht des Menschen nach Perfektion scheint keine Grenzen zu kennen. Diese neue Technologie, »Genomeditierung« genannt, ist die neueste Entwicklung der Genforschung, und manche meinen gar, das Ende des Zeitalters genetischer Krankheiten sei nahe (siehe Kapitel 8).

Fest steht, dass der Mensch große Anstrengungen unternimmt, den Pfad der biologischen Evolution zu verlassen, um sein eigener Schöpfer zu werden. Das wird ihm mit Sicherheit nicht gelingen, denn er weiß zu wenig und hat sich noch keine Gedanken darüber gemacht, wohin die Evolution gehen soll. Mit dem Mythos, dass mehr und schneller »besser« sei, hat er seine archaischen Instinkte des Jägers und Sammlers noch nicht überwunden.

Der Mensch ist von den Erkenntnissen der Wissenschaft immer wieder gekränkt worden. **Sigmund Freud** nennt das die großen »Kränkungen der Menschheit«. Die erste davon war die kopernikanische Kränkung (die Entdeckung, dass die Sonne nicht um die Erde kreist, sondern umgekehrt), die zweite war die evolutionäre Kränkung (die Entdeckung, dass der Mensch nicht die Krönung der Schöpfung ist). Und die dritte Kränkung ist die Freud'sche Kränkung: die Einsicht, dass ein beträchtlicher Teil unserer Handlungen sich der Kenntnis und der Herrschaft des bewussten Willens entzieht. Es gibt noch viele andere Kränkungen – wir sind gekränkte Lebewesen, weil wir in einer Scheinwelt leben wollen.

Man kann die Evolution nicht zum Stillstand bringen, denn die Welt um uns steht nicht still. Unsere Gene werden weiterhin dem Zufall der Mutationen unterliegen, auch wenn wir genetische Kosmetik betreiben.

Im Naturhistorischen Museum in Wien las ich dazu den folgenden Satz, der eine Ausstellung über **Darwin** begleitete – wir können ihn nicht oft genug hören und lesen: »Evolution kennt weder Ziel noch Perfektion.«

KAPITEL 4

KULTUREVOLUTION

Eine Welt in drei Kategorien, Entdeckungen, Erfindungen, einige Zeitalter und einige Helden, nicht-mehr-biologische Evolution und ein erfinderischer Blick in die Zukunft.

Ich teile die Welt in drei Kategorien:

Erstens: Dinge, die es unabhängig von unseren Gedanken gibt. Das ist die Welt der Naturwissenschaften. Die reale Welt, das Universum.

Zweitens: Dinge, die es gibt, weil wir sie erschaffen haben. Es gäbe sie nicht, wenn wir sie nicht erdacht und erzeugt hätten.

Drittens: Dinge, die es nur in unserem Kopf gibt. Sie verschwinden wieder, wenn der Kopf, der sie denkt, stirbt und die Gedanken nicht niedergeschrieben oder verbreitet wurden.

Viele werden jetzt diese Art zu denken als Schubladendenken kritisieren. Aber das organisierte Denken macht (zumindest mir) das Leben um einiges leichter. Diese Einteilung auch.

Als Konsequenz davon, dass sich das menschliche Gehirn so weit entwickelt hat, dass es Dinge erdenken und erfinden kann, die es nicht gibt, entsteht unmittelbar die Notwendigkeit, unterscheiden zu müssen, ob etwas der Wahrheit entspricht oder nur ein Produkt des Denkprozesses ist. In der Philosophie gehen diese Diskussionen so weit, dass manche Denker behaupten, es gebe keine absolute Wahrheit und wir würden immer durch unsere Sinne und Gedanken getäuscht. Ich als Naturwissenschaftlerin brauche hingegen unbedingt die Gewissheit, dass etwas real ist, und dass das, was ich erforschen möchte, auch tatsächlich existiert. Man stelle sich vor, dass etwas jahrelang erforscht wird, nur um dann zu erkennen, dass es das gar nicht gibt – dass es nur eine gedankliche Fehlentwicklung war, ein falsches Modell. Ja, solche Sackgassen gibt es viele. Aber so lernen wir halt. Irrtum ist ein wesentlicher Aspekt des Lernprozesses.

Ich unterscheide Entdeckungen und Erfindungen ebenfalls nach meinem Modell der drei Kategorien. Entdeckungen sind aus der Welt der Naturwissenschaften. Sie sind Gegebenheiten, die der Mensch »nur« sehen – entdecken – muss, die ohne sein Zutun aber genauso da wären. Louis Pasteur entdeckte Bakterien. Sie sind mit oder ohne seine Entdeckung real. Der Unterschied ist, dass wir jetzt von ihrer Existenz wissen und sie erforschen können. Erfindungen hingegen sind Dinge, die es nicht gäbe, wenn wir sie nicht erfunden hätten. Da sind die technischen Naturwissenschaften die Hauptproduzenten. Aber nicht nur.

Wieso ist das etwas Besonderes, dass es auf einmal möglich war, Dinge zu denken, die es nicht gibt? Weil es einen Vorteil gegenüber jenen Arten darstellt, die dieses Vermögen nicht haben. Darüber kann man Tausende Jahre philosophieren. Und wer das tut, wird sehen, wie aufregend und bereichernd so etwas sein kann. Weil der Mensch auf einmal Dinge erfinden kann, die es dann auch tatsächlich geben wird! Es war die Geburtsstunde seiner Kreativität und stellt den eigentlichen Sprung vom Tier zum Homo sapiens (sapiens) dar. Der Mensch begann, Wissen anzuhäufen. Er begann zu verstehen, wer er ist. Es ist möglich, dieses Wissen so abzusichern, dass es vielen zugänglich wird, schnell und effizient. Es wird nicht mehr nur von Mund zu Ohr weitergetragen.

Es gibt unzählige Erfindungen, die den Menschen und seine Evolution stark beeinflusst und geprägt haben. Einige davon sind besonders faszinierend. Seine Erfindungen haben einen starken Einfluss auf die Entwicklung seiner Fähigkeiten. Die Kultur ist die Summe aller Erfindungen. Erdacht, getan! Heute steht der

Mensch an einem Wendepunkt in seiner Geschichte: Es ist ihm klar geworden, dass er verantwortlich dafür ist, wie er sich weiterentwickelt. Er hat verstanden, wie Evolution funktioniert und dass die Evolution keine Rücksicht darauf nimmt, welche Vorstellungen der Mensch von sich selbst hat. Auf dem langen, erkenntnisreichen Weg gab es viele prägende Entdeckungen und Erfindungen. Dinge, welche die Menschheit verändert haben.

Dieser Zeitpunkt vor 70 000 Jahren – als das Gehirn so weit entwickelt war, Dinge denken zu können, die es nicht gibt – war der Punkt, an dem der Mensch beginnen konnte, Erfindungen zu machen. Sich Dinge zu überlegen, Lösungen für Probleme zu finden. Diesen Gedanken finde ich so faszinierend, dass er mich seit Langem nicht mehr loslässt. Und auf einmal verstehe ich mit Leichtigkeit Dinge, über die ich früher nur den Kopf geschüttelt habe. Es ist für mich ein Erklärungsansatz, der bei ganz vielen Fragen weiterhilft. Es gibt so viele Dinge, die man als gegeben annimmt, dabei sind sie einfach nur irgendwann in unserem Kopf verankert worden. Dinge und Handlungen, die vollkommen sinnlos sind oder geworden sind, die aber in unserem Verhalten noch festsitzen. Dinge, die sich der Mensch ausgedacht hat – einfach nur, weil er seit etwa 70 000 Jahren dazu in der Lage ist. Ein Affe zum Beispiel würde nie eine Banane hergeben, wenn man ihm dafür verspricht, dass er nach dem Tod in den Himmel kommt.

Der Mensch aber würde noch viel mehr als eine Banane hergeben, um in den Himmel zu kommen. Die Erfindung des Jenseits, das es ja nur in unseren Köpfen gibt (Kategorie drei meiner Welteinteilung), hat den Menschen sehr stark geprägt und verändert. Die Erfindung des Jenseits hat schon ihre Berechtigung und war auch sehr nützlich, ebenso wie die Erfindung des Jüngsten Tages und des Jüngsten Gerichtes. Diese Erfindungen sind sinnvolle Gedankenkonstrukte, weil sie den Menschen dazu bringen, an die Zukunft zu denken. Das ist eindeutig ein evolutionärer Vorteil. Außerdem wird er dann fähig, mit einem gewissen Abstand rückblickend sein Leben als Ganzes zu betrachten und zu beurteilen.

Wie möchte er auf sein Leben zurückschauen, wenn er alt geworden ist (siehe Kapitel 5)?

Der Glaube an mehrere Leben, die kausal zusammenhängen, oder an ein Leben nach dem Tod, im Jenseits in Abhängigkeit vom Verhalten im Diesseits ist einer der stärksten Impulse für ein Handeln, das dem Verhaltenskodex der jeweiligen Kultur entspricht. Der Gläubige wird dementsprechend Taten setzen oder unterlassen. Mythen gehören wohl zum interessantesten und wichtigsten Kulturgut, das eine Gesellschaft nachhaltig prägt.

Die ersten Erfindungen, die den Menschen und damit die Evolution und die Welt veränderten, waren höchstwahrscheinlich einfachste Werkzeuge, um sich effizienter Nahrung zu verschaffen. Der Mensch richtete sich auf und konnte auf einmal etwas in die Hand nehmen. Das waren vermutlich Waffen – zuerst einfache Steine, dann Lanzen, Speere – und sonstige nützliche Dinge wie Gefäße, Boote und Kleidung. Wege, das Feuer zu nutzen. Die Landwirtschaft. Das Rad und damit Karren und Mühlen. Häuser, Wasserleitungen. Mathematik und Philosophie, Sagen und Mythen. Man könnte sein ganzes Leben damit verbringen, den Erfindungen der Menschheit auf den Grund zu gehen.

Vor erst rund 500 Jahren begann das, was man als Zeitalter der Wissenschaft bezeichnen kann: Der gebildete Mensch wendet sich mehr und mehr von der Religion ab und erkennt, dass er viel besser beraten ist, wenn er sich nicht nur an Mythen hält und Dinge erfindet, sondern sich auch an der Realität orientiert und seine Mythen infrage stellt. Die Naturwissenschaften. Leonardo da Vinci, **Isaac Newton**. Schiffe wurden gebaut. Die Entdeckung Amerikas. Der Buchdruck. Elektrizität. Energie wird in neue Formen umgewandelt, die nützlich sind: elektrisches Licht, Kühlschränke, Herde, Waschmaschinen! Wie sehr das den Menschen und seine Lebensweise verändert hat!

Der Mensch hat vor etwa 500 Jahren seine Unwissenheit entdeckt. Über viele Jahrhunderte dachten die Gelehrten, dass es einen allwissenden Gott gebe und dass dieser einigen Männern alles Wissenswerte eingeflüstert habe. Diese »Propheten« haben dieses Wissen aufgeschrieben, und es galt (und gilt bei manchen Menschen immer noch) als ausreichend, den Inhalt dieser Bücher zu kennen, um alles Wissenswerte zu wissen. Welch ein Irrtum!

Ich werde hier nicht den Versuch unternehmen, alle Erfindungen der Menschen aufzuzählen und zu analysieren, um deren Auswirkung auf unser Verhalten und unsere Evolution zu überlegen. Nein, ich werde mir ein paar Spezielle aussuchen, die mir besonders gefallen oder missfallen. Aber wenn man mit dieser Übung einmal beginnt, kommt man nicht mehr davon los. Auf einmal sieht man die Welt anders. Man kann sich überlegen, warum manche Erfindungen gemacht wurden – und vor allem, warum sie so erfolgreich waren. Und welcher Mythos welche Erfindungen nährt.

SPRACHE

Die bisherige Evolution des Menschen und seine größten Erfindungen betrachtend, nehme ich an, dass die Sprache eine seiner größten Errungenschaften ist. Denn mit der Sprache kann er seine Ideen und Mythen weitererzählen und diese können sich daraufhin weiterentwickeln. Die Sprache ist notwendig, um Mythen und Geschichten zu erfinden. Wann das war, wissen wir nicht genau. 70 000 Jahre? Wie hat der Mensch die Sprache entwickelt? Wie könnte man das überhaupt untersuchen? Sumerisch könnte die erste Sprache gewesen sein, für die eine Schrift entwickelt wurde. Mit der Schrift und der Möglichkeit, sie festzuhalten, kann die Sprache überdauern. Eine Sprache, für die es keine Schrift gibt, stirbt aus, sobald sie niemand mehr spricht. Sumerisch dürfte sogar eine Zeit lang nicht mehr gesprochen worden sein und war sozusagen ausgestorben. Nur die Gelehrten haben es weiterverwendet.

Dass es das überhaupt gibt, empört mich. Dass Menschen eine Sprache benutzen, um Wissen zu transportieren und zu speichern, welche Menschen im Alltag überhaupt nicht verstehen. Um sich als Bildungselite einen Vorteil zu schaffen. In der katholischen

Kirche wird Latein immer noch für die Messe verwendet. Wenn man darüber nachdenkt, wird klar, was damit bezweckt wird: dass die Menschen unwissend bleiben. Was für eine Verhöhnung, sich dadurch selbst über die anderen stellen zu wollen! Wissen ist Macht. Sprache ist somit eine potenzielle Waffe.

Sprache kann sich nur ganz langsam entwickelt haben. Wort für Wort, aus der Notwendigkeit heraus, etwas definieren zu müssen. Sehr spannend finde ich den Gedanken, dass es uns heutzutage sehr schwerfällt, neue Wörter oder Begriffe zu erdenken und zu erfinden. Wenn es für etwas noch kein Wort gibt, ist dieses neue »Ding« nicht definierbar und kann nicht bewusst gedacht werden. Die meisten Begriffe haben wahrscheinlich die alten Griechen oder die Menschen vor etwa 3000 bis 4000 Jahren erfunden. Um ein Wort zu erfinden, muss einem zuerst einmal der Begriff bewusst werden. Deutsch kann so eine logische Sprache sein: Etwas »begreifen« bedeutet, dass einem etwas so klar geworden ist, dass es zum Greifen nahe ist.

Viele meinen, Sprache sei ein Reichtum. Dem stimme ich absolut zu. Mit der Sprache können wir klar denken und auch die Gedanken anderer begreifen. Gleichzeitig wird einem aber auch bewusst, dass Dinge, für die es (noch) keinen Begriff gibt, noch nicht ins Bewusstsein gerückt sind. Es gibt viele Gefühle, Verhaltensweisen oder Tatsachen, die wir noch nicht bewusst wahrgenommen haben. Und daher auch nicht benennen können. **Egon Friedell** hat einmal über **Peter Altenberg** gesagt, dass dieser ein Wissenschaftler sei, weil er Dinge sieht, die keinem auffallen (siehe mein Buch »Von Menschen, Zellen und Waschmaschinen«). Sobald er sie aber sieht und beschreibt, sehen sie alle anderen auch. Er scheint ein Meister der Wahrnehmung gewesen zu sein.

Ich denke, dass sich durch die Entwicklung der Sprache die Kommunikation stark verändert hat und vieles verbal weitererzählt werden konnte. Andererseits wird die Kommunikation auch stark aufs Verbale fokussiert und andere Formen der Kommunikation werden zurückgedrängt oder nicht bewusst wahrgenommen. Die Menschen kommunizieren kaum noch durch Blicke. Wieso schauen sie einander kaum in die Augen? Die Kontaktaufnahme über den Blick ist sehr intensiv. Einen Fremden anzusehen und Blickkontakt aufzunehmen, ist fast nicht möglich, ohne dass sehr schnell einige klärende Worte folgen müssen. Die nonverbale Kommunikation unterliegt der Sprache, sie ist nicht so leicht zu interpretieren und kann leicht zu emotionellen Reaktionen und Missverständnissen führen – vor allem bei kulturellen Unterschieden.

Ist es möglich, ohne Sprache zu denken? Ich bin mir sicher, dass die Menschen auch vor der Erfindung der Sprache gedacht haben. Aber dadurch, dass der Mensch Wörter für Begriffe erfunden hat, beschränkt sich das Denken auf jene Dinge, die benannt werden können. Dinge, für die es keine Begriffe gibt, denkt man nicht. Wenn man mehrere Sprachen spricht, kann man erkennen, dass es in manchen Sprachen manche Begriffe einfach nicht gibt. Es gibt zum Beispiel auf Englisch keinen Begriff für Fernweh. Das Gefühl kennt aber jeder: überall lieber sein zu wollen als dort, wo man gerade ist. Ein ähnliches Beispiel ist das portugiesische Wort *saudade*. Es ist wie eine Art Sehnsucht, Weltschmerz, alles gemeinsam. In Brasilien wird dieses Wort ständig bemüht, *saudade, saudade*. Der Deutsche sagt nicht ständig: »Ich habe solche Sehnsucht.« Hat eine Brasilianerin mehr Sehnsucht als eine Deutsche?

Die Menschen sind heute sehr schlecht darin geworden, neue Namen zu erfinden. Warum schaffen sie keine neuen Begriffe mehr? Sind sie dermaßen mit ihren technischen Erfindungen beschäftigt, dass sie das Entdecken von Gefühlen und neuen Zuständen vernachlässigen? Wer denkt sich heute neue Wörter aus? In der Wissenschaft ist es sehr wichtig, Begriffe für neue Entdeckungen zu finden. Es passiert häufig, dass jemand etwas entdeckt und beschreibt, aber nicht benennt. Dann ist es sehr schwer, die neue Erfindung zu kommunizieren. Entdeckt ein anderer es noch einmal und benennt es, wird es dem Zweiten zugeschrieben. Das Wort »U-Turn« in der RNA-Struktur ist so ein Beispiel. Der Erste, der sah, dass die RNA einen U-Turn macht, war Eric Westhof. Er hat die Struktur und den Winkel beschrieben, aber nicht benannt. Jahre später fiel es jemand anderem ebenfalls auf, der es dann »U-Turn« nannte. Damit wurde es zum Begriff, es war beschrieben – ein Strukturmotiv, ein Baustein für das Ganze. Das Benennen von etwas, das man entdeckt, ist sehr wichtig. Den Dingen einen Namen zu geben ist wirkungsvoller, als sie zu umschreiben.

Gibt es für manche Dinge – wie etwa für den Zustand, nicht mehr durstig zu sein – keinen Begriff, weil es einfach nicht wichtig genug ist? Werden Wörter nur dann erfunden, wenn es eine Notwendigkeit gibt, also ein Bedürfnis da ist? Und wenn ein Wort nicht mehr gebraucht wird, stirbt es wieder aus. Ich stelle jedenfalls fest, dass es nur für Objekte aus der Technik neue Wörter gibt, und dafür werden meistens griechische Begriffe verwendet oder Akronyme, also Abkürzungen aus den ersten Buchstaben der Umschreibung. Ein schönes Beispiel für ein Akronym ist der Laser – jeder hat zumindest ungefähr eine Vorstellung davon, was das ist, ohne aber zu wissen, wofür das Wort steht, nämlich: Light amplification by stimulated emission of radiation. Spannend finde ich die global verständlichen Emoticons, besser bekannt zum Beispiel als der Smiley :-) oder sein Gegenteil :-(– und neuerdings die Emojis, die längere Begriffe ersetzen, zum Beispiel 🚀 oder 🔭! Neue Begriffe für Empfindungen scheinen hingegen nur mehr ganz selten erfunden zu werden. Das spricht dafür, dass es in dieser Welt, in der wir leben, eher technisch zugeht.

SCHRIFT UND GELD

Eine der menschlichen Erfindungen, die mir die größten Rätsel aufgibt, ist das Geld. Es war vor ungefähr 5000 Jahren, als die Sumerer die Keilschrift entwickelt haben. Was ich bemerkenswert – und auch wieder ganz typisch Mensch – finde: dass sie die Schrift auf kleinen Tontäfelchen festgehalten haben, um damit das Geld zu erfinden. Die Schrift ist aus dem Bedürfnis entstanden, eine

Währung zu haben, um Tauschhandel betreiben zu können. Ein Bauer hat ein Schaf abgegeben und dafür ein Tontäfelchen bekommen. So hat sich Geld aus dem Bedarf heraus entwickelt, Dingen Werte zuzuschreiben, um sie tauschen zu können.

Je mehr ich darüber nachdenke, was Geld eigentlich ist, umso irritierter bin ich. Geld ist ein Instrument, um Eigentum zu speichern und zu transportieren. Das ist noch ganz einfach. Mein Problem mit dem Geld beginnt, wenn man Dingen einen Geldwert zuteilt. Das Geld hat ja an sich keinen Wert. Ein paar Gerstenkörner, eine Muschel, eine Münze, ein Stück Papier oder Gold haben nur den Wert, den man diesen Dingen zuschreibt. Mit Gold kann man nichts anfangen, man kann es nicht essen und kaum Werkzeuge daraus herstellen, weil es zu weich ist. Aber es ist selten und daher begehrt. Geld funktioniert nur so lange, wie die Menschen, die es benutzen, daran glauben und darauf vertrauen. Es gehört eigentlich zur Kategorie drei meiner Welteinteilung. Etwas, das in den Köpfen existiert. So ist es möglich, Tauschhandel zu betreiben, ohne jedes Mal überlegen zu müssen, welchen Wertbezug Dinge zueinander haben. **Yuval Harari** meint gar, Geld sei eine Geisteskrankheit.

Es wird irrational und hat nichts mehr mit Logik zu tun, wenn Menschen beginnen, über den Wert des Geldes nachzudenken, und Zweifel in ihnen aufkommen, ob es eine gute Idee ist, ihr hart erarbeitetes Eigentum in Form von Geld zu speichern. Geld ist in meinen Augen nicht dafür geeignet. Dafür ist es zu unsicher. Geld ist etwas Dynamisches, es sollte immer in Bewegung sein und nur als Tauschäquivalent dienen.

Die Natur hat ebenfalls zwei Arten von Währung erfunden, nämlich in Form von Energiespeicher: eine für die dynamische Verarbeitung und Bereitstellung von Energie – das ATP genannte Adenosintriphosphat (siehe Kapitel 1) – und eine zweite für die länger anhaltende Speicherung in Form von Stärke, Glykogen und auch Fett. Daran sollten sich die Finanzleute ein Beispiel nehmen.

MYTHEN UND RELIGIONEN

Wir können unmöglich feststellen, wann der Mensch begonnen hat, Geschichten zu erfinden und zu erzählen. Der Fantasie sind keine Grenzen gesetzt, sobald das Gehirn dazu in der Lage ist, und aus erfundenen Geschichten können bald Mythen werden. Als Mythen würde ich jene Geschichten bezeichnen, denen ein bestimmter Wahrheitsanspruch zugeordnet wird, ohne dass dieser nachvollziehbar sein muss. Mythen zur Entstehung der Welt und der Menschheit, Mythen über Übermenschen, Helden und Götter. Ich bin mir sicher, dass Mythen sehr früh entstanden sind, weil das Geschichtenerzählen eine wichtige Komponente einer Gruppe von Menschen ist, die sich sozialisieren. Aus demselben Grund, wie das Tratschen wichtig ist. Sobald eine Gruppe von Menschen größer wird, muss es Kommunikation geben. Wer ist mit wem befreundet? Was hat der Nachbar, was ich nicht habe? Wer mag wen? Wer schläft mit wem? Wer ist der Vater von welchem Kind? Wer lügt? Wem darf man trauen? (Lügen sind sicherlich ebenfalls sehr früh entstanden, sie sind eine zutiefst menschliche Strategie, um sich Vorteile zu verschaffen.) Mythen tragen dazu bei, eine Gruppe stark zu machen, ein Zusammengehörigkeitsgefühl zu erschaffen, das die Gruppe vereint und gegen andere abgrenzt. Mythen sind identitätsstiftend.

Mythen und Religionen sind schwer zu trennen. Sie entwickeln sich gemeinsam; die einen nähren die anderen. Religionen entstammen dem Bedürfnis, sich einen Vorteil gegenüber den anderen zu verschaffen. Einer hat sich eine Geschichte ausgedacht – zum Beispiel von einem Stein bei einem Wasserfall, der besondere Kräfte hat. Ein Wert entsteht, den die anderen auch wollen. Er wird natürlich nicht sagen, wo er den Stein gefunden hat. Gut, sagt er, ich gehe zum Wasserfall und schau, dass du auch so einen Stein bekommst. Vom Regengott oder Meeresgott oder Überhauptgott – und schon ist ein Mythos geboren. Dafür braucht es wirklich nicht viel, und es geht unheimlich schnell.

Ich denke nicht, dass hinter der Erfindung von Göttern das Bedürfnis steht, die Welt zu erklären. Auch nicht das Bedürfnis nach einem allmächtigen Vater, der schaut, dass es allen gut geht. Gegen Ablass, versteht sich. Es ging immer um den Vorteil der Mächtigen. Die Götterbilder dienten von Anfang an strategischen Machtstrukturen. Und das ist bis heute so. Religionen spielten eine wichtige Rolle bei der Herstellung von Ordnung und der Erstellung von Regeln in einer Gesellschaft. Sie verringern bis zu einem bestimmten Grad die Entropie, so wie es unser **Maxwell**-Dämon (aus Kapitel 1) auch tut.

Genauso spiegeln Hierarchien unter den Göttern die Hierarchien unter den Menschen wider. Weil Götter menschengedacht sind und damit automatisch ein Abbild dessen sind, was dem Menschen vertraut und wichtig ist. Es ist eine Art Koevolution, die Hierarchie der Götter und jene der Menschen.

Je nachdem, ob man gläubig ist, wird man Götter der Kategorie eins zuordnen (Dinge, die unabhängig von der Existenz des Menschen existieren), oder der Kategorie drei, wenn man Atheist ist. Pragmatiker können Gott auch in die Kategorie zwei einordnen, die Kategorie Erfindungen. So wandelbar ist der Begriff Gott.

PERVERSIONEN ALS ERGEBNIS VON RELIGIONEN

Die weibliche Genitalbeschneidung (alias -verstümmelung) ist ein Beweis, wie pervertiert der Mensch sein kann. Ideen und Mythen können den Menschen dazu veranlassen, vollkommen irrsinnige und kriminelle Handlungen zu begehen. Es kann keinen vernünftigen oder gesundheitlichen Grund für solche Dummheit, Barbarei und Gewalt geben. Und doch halten sich diese Verbrechen hartnäckig. Ich habe eine ganz einfache Erklärung dafür (die hoffentlich einige Männer wachrütteln wird): Eine Frau ohne Klitoris und mit amputierten Schamlippen wird nie Lust, Freude und Vergnügen beim Geschlechtsverkehr haben. Dann wird sie auch nicht danach verlangen, weil es für sie eine schmerzvolle Angelegenheit statt ein Akt der Lust und der Liebe ist. Für einen Mann, der seine Potenz hochhält und seine Männlichkeit mit der Erektion seines Penis definiert, wäre es natürlich eine tödliche Demütigung, sollte seine Partnerin Lust auf Sex haben, er aber gerade nicht dazu in der Lage sein. Für solche Männer ist es beruhigend, dass diese Situation nicht eintreten kann.

Selbst in der westlichen Welt ist das Bewusstsein der weiblichen Sexualität sehr unterentwickelt und immer noch stark an die Reproduktion gekoppelt. Ist eine Frau nicht mehr in der Lage, Kinder zu bekommen, oder will sie keine, dann entscheiden sich Ärzte häufig für die Entfernung der Gebärmutter. So, als wäre die Gebärmutter nur zum Kinderzüchten gut. Den meisten Ärzten scheint nicht klar zu sein, dass die Gebärmutter eine wichtige Rolle beim weiblichen Orgasmus spielt.

Auch die männliche Beschneidung ist Barbarei und Kindes- oder Jugendmissbrauch. Welcher Gewalt und Folter junge Buben in ganz unterschiedlichen Kulturen ausgesetzt werden, wenn sie in die Pubertät kommen! Unsinnige, debile Mythen reden diesen jungen Burschen ein, dass diese rituelle Beschneidung etwas Tolles ist. Männer, die sich kulturell dadurch identifizieren, dass ihnen die Vorhaut fehlt, brauchen dringend Nachhilfe in Sachen Selbstbewusstsein. Diese Perversionen, die aus religiösen Mythen stammen, tragen natürlich zur Identitätsfindung von Gruppen bei und haben sich vermutlich evolutionär bewährt.

RASSISMUS UND FASCHISMUS

Hitler und Mohammed! Was haben sie gemeinsam? Sie sind lange tot. Aber ihre mörderischen Ideen leben weiter. Es gibt immer noch Menschen, die nach ihren Wahnvorstellungen handeln.

Vielleicht ist Rassismus in unserem Verhalten eingeprägt, weil er ein paar Mal in der Geschichte der Menschheit das Überleben einer kleinen Gruppe ermöglichte. Der Homo sapiens hat als einzige Menschenart überlebt (siehe Kapitel 3); die Wahrscheinlichkeit ist groß, dass er alle anderen vernichtet hat. Er, als aggressive Spezies, die Lust am Morden empfindet, ist übrig geblieben. Und

72

wird sich schlussendlich selber vernichten. Es sei denn, wir erkennen, dass Kooperation mehr bringt als reine Kompetition.

GERECHTIGKEIT, PIETÄT, BARMHERZIGKEIT

Als Gegenpol zu Faschismus und Rassismus steht die Idee, dass das Überleben einer Gesellschaft bessere Chancen hat, wenn sie soziale Strukturen aufbaut. Auch die Erkenntnis, dass Kooperation mit den schwächeren Mitgliedern der Gesellschaft zu einem erfolgreicheren und lebenswerteren Miteinander führt, ist eine Triebkraft für unsere Erfindungen. Barmherzigkeit und altruistisches Verhalten haben sich bewährt und machen beide Seiten – die Helfenden und die, denen geholfen wird – glücklicher. Außerdem ist Altruismus evolutionär eine altbewährte Strategie, denn bereits Bakterien weisen genetisch bedingt altruistisches Verhalten auf. Altruismus ist also in unseren Genen eingeschrieben.

Die Natur kennt keine Gerechtigkeit. Es gibt auch keine absolute Gerechtigkeit. Was gerecht ist, empfindet jeder anders. Sie ist eine bemerkenswerte Erfindung des Menschen (Kategorie zwei). Damit ändert er das Selektionspotenzial der Evolution. Die Natur hätte ohne den menschlichen Gerechtigkeitssinn und ohne seine Empathie für Menschen mit weniger Glück viele sterben lassen. Die Menschen betreiben einen enormen Aufwand, um möglichst vielen Mitgliedern der Gesellschaft beste gesundheitliche Versorgung und Bildung zukommen zu lassen. Bildung für alle, damit jeder verantwortungsvoll handeln kann, ist eine Idee, die sehr viele Menschen als wichtigstes Ziel einer erfolgreichen Gesellschaft definieren.

Im Prinzip geht es bei fast allen Regeln und Gesetzen in einer Gesellschaft darum, eine Form des Zusammenlebens zu finden. Dazu gibt es zwei vollkommen konträre Ansätze: den einer offenen, liberalen Gesellschaft, in der jeder Einzelne zur Evolution dieser Regeln in einer demokratischen Weise beitragen kann. Auf der anderen Seite steht die dogmatische, totalitäre, geschlossene

Gesellschaft, in der starre Regeln mit Gewalt implementiert werden, um eine Ideologie zu erhalten.

Es ist vollkommen klar, welche dieser Gesellschaftsformen sich den Regeln der sich selbst regulierenden Systeme und der Evolution anpasst. Regeln einer Gesellschaft müssen sich – wie alle anderen Eigenschaften lebender Systeme – an sich ständig ändernde Rahmenbedingungen anpassen: Regeln, die vor 100 Jahren für eine Gesellschaft optimal waren, müssen es heute nicht mehr unbedingt sein. Was Menschen früher geholfen hat, kann ihnen heute schaden. Ideologien lähmen unsere Gedanken.

DAS THERMOMETER, DIE WETTERVORHERSAGE – UND DER KLIMAWANDEL

Mich hat es sehr amüsiert, als ich gelesen habe, dass das Thermometer erst 1597 durch **Galileo Galilei** erfunden wurde. Wie haben die Menschen davor die Temperatur gemessen? Gar nicht? Und erst 1643 hat **Evangelista Torricelli** das Barometer erfunden. Danach musste man zuerst beobachten, dass der Luftdruck in der Höhe abnimmt, und einen Zusammenhang zwischen Luftdruck und Wetter herstellen. Erst dann konnte der Mensch wissenschaftlich das Wetter voraussagen.

Das ist nämlich ein sehr komplexes System, das Wetter. Dadurch, dass der Mensch sich so sehr für das Wetter interessiert, weil es ihn ja auch sehr stark beeinflusst, hat er immer mehr Wetteraufzeichnungen gemacht. Diese Aufzeichnungen im Laufe der Jahrhunderte zu studieren, ist ein sehr wichtiges Forschungsgebiet, denn erst dadurch können wir feststellen, dass manche Klimaveränderungen mit menschlichen Handlungen korrelieren. Eine sehr wichtige Forschung, denn erst so sind wir in der Lage, zu bemerken, dass es einen Zusammenhang zwischen Klimaveränderung und dem menschlichen Verhalten geben könnte.

Die Klimaveränderung ist ein ernstes Thema. Viele halten sie für einen Mythos. Sie ist ein gutes Beispiel dafür, wie ohnmächtig der einzelne Mensch ist. Es ist bekannt, dass das Klima sich verändert, dass die Erde wärmer wird. Dass die Erderwärmung mit hoher Wahrscheinlichkeit zumindest teilweise durch die übermäßige Verbrennung fossiler Brennstoffe verursacht wird. Es gibt genug Technologien, um die Treibgasproduktion ziemlich schnell zu stoppen. Aber es passiert nicht, oder nur sehr zögerlich. Was sagt das über den Homo sapiens aus? Der Streit um die Ursachen des Klimawandels zeigt eindeutig, dass den Menschen nicht klar ist, welches Ziel sie vor Augen haben. Wenn die treibende Handlungsmotivation allein der kurzfristige Gewinn von Geld ist, dann ist das Bewusstsein für die Verantwortung noch nicht bei den Menschen angekommen.

Der Mensch muss sich dessen bewusst werden, wie sehr und unwiderruflich er den Planeten verändert. Und er muss erkennen, dass er die Verantwortung dafür trägt. Wie können wir kollektive Verantwortung entwickeln? Und wie könnten wir dann die Menschen dazu bringen, ihren Energieverbrauch zu reduzieren? Mit einer technischen Erfindung, die jedem Menschen seinen Energiekonsum anzeigt und ihn lenkt?

DIE »ANTIBABYPILLE«

Aus meiner Sicht ist die wichtigste Erfindung des 20. Jahrhunderts die kontrazeptive Pille. Kaum eine Frau kennt ihren Erfinder, **Carl Djerassi,** obwohl er für die Emanzipation von uns Menschen – Männern wie Frauen – so wichtig war. Die Pille ist ein Meilenstein in der Geschichte der Menschheit: Wir können dadurch Sex haben, ohne uns fortzupflanzen. Es ist die Loslösung der Sexualität von der Reproduktion, für die Frau selbst steuerbar. Damit hat auch die Sexualität der Frauen den Weg ins Bewusstsein der Menschen geschafft.

Carl Djerassi ist während des Schreibens dieses Kapitels gestorben. Er lebte teilweise in Wien. Ich traf ihn einmal, im Frühjahr 2014, ganz zufällig, als ich in Wien in der U-Bahn saß. Auf einmal setzte sich ein älterer Mann neben mich und ich bewunderte seine Beweglichkeit und Dynamik. Dann schaute ich ihn genauer an und fragte ihn: »Sind Sie nicht Carl Djerassi?« Und er antwortete: »Ja, leider!«

Er war auf dem Weg ins Allgemeine Krankenhaus. Er erzählte mir von seinem neuen Buch, und wir tauschten unsere Bücher aus. Ich traf ihn noch einmal und hatte das Vergnügen, mit ihm auf einem Podium über Wissenschaft und Kunst zu diskutieren. Ich verstehe nicht, warum dieser Mann nicht mit viel mehr Ehre überhäuft wurde. Kann es sein, dass die Kirche so mächtig ist, dass sie das verhindern konnte? Oder haben Männer das Gefühl, dass sie durch die Erfindung der Pille viel Macht über die Frauen verloren haben?

Das Geschäft mit seiner Erfindung blüht jedenfalls prächtig, aber er bekam dafür viel zu wenig Anerkennung. Wahrscheinlich, weil es nach wie vor die Männer sind, die bestimmen, wer mit wie viel Ehre überschüttet wird. Ist die sexfeindliche Moral (Kategorie drei!) als Idee so tief in unseren Köpfen verankert, dass wir uns von ihr nicht emanzipieren können? Carl Djerassi muss das stark gespürt haben. Mit der Kontrolle der Reproduktion durch Frauen haben die Menschen einen riesigen Schritt in Richtung Selbstverantwortung und Emanzipation gemacht. Bildung und die Kontrolle über die eigene Reproduktion sind der Schlüssel zur Rettung der Welt. Carl Djerassi ist einer meiner Helden. Es wundert mich nicht, dass totalitäre Systeme wie Religionen und Diktaturen die Pille verbieten, denn das ist die effizienteste Art, um Frauen zu unterdrücken.

Sex ohne Reproduktion – und Reproduktion ohne Sex. Wenn diese Errungenschaft mit Gentherapie (Kapitel 8) verknüpft wird, wird das der Moment sein, an dem der Mensch ganz bewusst und effizient in seine biologische Evolution wird eingreifen können.

GENOMEDITIERUNG MIT CRISPR/CAS9

Ich nenne sie die wichtigste Erfindung des 21. Jahrhunderts. Jeder weiß, dass der Mensch Evolution spielt: Aus dem Wolf hat er den Hund gemacht. Das gelingt ihm, indem er bestimmte gewünschte Merkmale selektiert, welche die Natur nicht ausgesucht hätte. Einerseits läuft dadurch die Evolution viel schneller, andererseits entstehen Arten, welche die Natur nie hätte überleben lassen. Bei diesen Zuchtmethoden erzeugt der Mensch aber keine neuen Gene. Er selektiert nur jene Eigenschaften, die ihm gefallen. Dafür gibt es viele Beispiele: Getreidesorten, Gemüse, Blumen, Kühe, Schweine, Hühner. Wir sind heute öfter mit von Menschen gezüchteten Lebewesen konfrontiert als mit ursprünglichen, wilden. Wir Wissenschaftlerinnen nennen die nicht gezüchteten, ursprünglichen Lebewesen »Wildtyp«.

Im 21. Jahrhundert werden sich die Zuchtmethoden dahingehend ändern, dass der Mensch jetzt auch gezielt und sehr effizient neue Gene wird entwerfen können. Wohin das führen wird, kann heute noch niemand abschätzen. (Zu dieser Methode und den ethischen Fragen, die sie aufwirft, siehe Kapitel 8.)

DER MENSCH

Genauso wie der Mensch Tier- und Pflanzenarten züchtet, macht er das mit sich selbst. Wir sind mittlerweile kein »Wildtyp« mehr. Aber ist uns das bewusst? Bis vor Kurzem waren die meisten von uns der Meinung, dass wir ein fertiges Produkt der Schöpfung seien. Jetzt dämmert es uns nach und nach, dass wir selbst ein Produkt unserer Erfindungen geworden sind.

Hier steht er nun, der Mensch. Mit all seinen Erfindungen. Diese haben ihn so weit gebracht, dass seine größte Erfindung kurz bevorsteht: er selbst. Seine beste Erfindung (siehe Kapitel 5).

....

KAPITEL 5

ICH, DIE BESTE ERFINDUNG DES MENSCHEN

*Finden und erfinden, Einbildung, zwei Theorien, Subjekte
und Objekte, Freiheit, die es zu erkämpfen gilt, Selbstporträts,
Ameisen, Missgeschicke und ein seltsames, einzigartiges Ding.*

Der Homo digitalis macht es uns leicht, ihn nach Lust und Laune
zu beobachten. Selfies, Facebook, Instagram: Er stellt seine Egos
(ja, es können mehrere sein!) zur Schau, entwickelt sie weiter und
lässt uns beobachten, wie der moderne Mensch auf die Suche nach
seinen Vorstellungen vom idealen Ich geht.

Steckt das Ich von Anfang an in jedem Menschen drin? Ist es
eine Entdeckung? Oder ist es ein Fremdprodukt: das, was die Eltern, Freunde und Feinde daraus machen? Vielleicht ist es eine
reine Illusion? Ein Produkt der Gene? Der Umwelt? Teil eines
Kollektivs? Reine Einbildung? Ein kleines Element einer großen
Menge Menschheit?

Das Ich ist keine Entdeckung, sondern eine Erfindung, es gehört
zu Kategorie drei (siehe Kapitel 4). Viele Menschen höre ich sagen,
sie wollen sich finden. Besser wäre: *er*finden. Am schönsten hat es
Sigmund Freud dargestellt, denn in seinen Augen entsteht das Ich
aus einem Konflikt zwischen dem Es – den Affekten und Trieben
wie Sexualität oder Hunger – und dem Über-Ich – den kulturellen Wertvorstellungen. **Ernst Mach**, der Vordenker des Wiener
Kreises, war gar der Meinung, das »Ich« sei eine Ansammlung an
Empfindungen und dahinter sei das »Nichts«. Das Ich existiere so

wenig wie »das Ding«, welches nur ein Produkt der Wahrnehmung sein könne. Alles sei veränderlich. Was es auch ist, das Ich: Es ist dynamisch – jeden Tag ein bisschen anders, wenn es sein muss. Es kann sich anpassen an die tägliche Notwendigkeit oder Laune.

Es gibt mindestens zwei Betrachtungsweisen des Ichs, zwei Theorien: Die »Ego-Theorie« und die »Bündel-Theorie«. Die Ego-Theorie ist die verbreitete, fast allgemein angenommene Theorie. Schauen wir in den Spiegel, sehen wir den Körper, den unser Ich bewohnt. Unser Ich ist also etwas, das unseren Körper kontrolliert; es ist etwas mehr als der Körper. In diesem Konzept ist das Ich eine essenzielle Einheit im Kern der menschlichen Existenz, die uns ein Leben lang begleitet. Dieses Ich erfährt sich als bewusst denkende Person. Eine Alternative dazu hat **David Hume** konzipiert. Als er vor knapp 300 Jahren über sein Ich nachgedacht hat, sah er keine Einheit. Vielmehr sah er ein Bündel an Empfindungen, Wahrnehmungen und Gedanken, die sich aufeinandertürmen. Für ihn entstand das Ich aus diesen Bündeln an Erfahrungen. Sigmund Freud gibt ihm sicherlich recht.

Die erste wirklich radikale, konsequente und kompromisslose Auseinandersetzung mit dem Ich kommt von **Max Stirner** alias Johann Caspar Schmidt. Sein Werk »Der Einzige und sein Eigentum« ist eine Hymne an den Egoismus – ein Versuch, sein Ich freizuhalten von allem, was es beeinflussen könnte. Stirner erfindet den »Eigner« – sein Protagonist –, der nichts über sich lässt; nichts ist ihm heilig. Er fühlt sich keiner Institution verpflichtet: »Was soll nicht alles meine Sache sein! Vor allem die gute Sache, dann die Sache Gottes, die Sache der Menschheit, der Wahrheit, der Freiheit, der Humanität, der Gerechtigkeit …« Ganz im Sinne der Idee dieses Buches, dass das Ich ein Eigenprodukt ist, schreibt Stirner: »Ich bin (nicht) Nichts im Sinne der Leerheit, sondern das schöpferische Nichts, das Nichts, aus welchem Ich selbst als Schöpfer alles schaffe.«

Obwohl ich Max Stirner erst während des Schreibens dieses Buches entdeckt habe, kommen mir seine Gedanken sehr vertraut vor. Es ist ihm wichtig, am Anfang das Nichts zu begreifen, um frei von jeglichen Einflüssen sein Ich aus dem Nichts erschaffen zu können. Zu seinen Lebzeiten war das Konzept des Gens und der Vererbung von Eigenschaften noch unbekannt, er starb 1856, bevor **Charles Darwin** und Gregor Mendel 1859 beziehungsweise 1866 ihre Hauptwerke publizierten. Die Radikalität seiner Philosophie ist beeindruckend, und ihm ist es absolut klar, dass das Ich nichts Vorgefertigtes ist, sondern ein Produkt, das vom »Eigner« selbst geschaffen wird. Ganz im Sinne der sich selbst ordnenden Systeme; ganz in dem Sinn, dass das Universum aus dem Nichts entsteht und sich ohne Plan von außen entwickelt.

Zurück zur naturwissenschaftlichen Sicht des 21. Jahrhunderts. Das Ich ist also etwas, das sich im Laufe des Lebens entwickelt. Es ist nie fertig. Die Basis dazu sind die Gene: Sie sind einzigartig, keine zwei Menschen haben dieselben (außer eineiige Zwillinge). Die Gene steuern die Entwicklung des Organs, welches dann im Laufe unseres Lebens aus der Summe unserer Erfahrungen das Ich entstehen lässt: das Gehirn. Das Gehirn verarbeitet alle Bilder und Erfahrungen – das Ich ist unsere Geschichte, festgehalten in unserem Gehirn.

Das menschliche Gehirn erzeugt das Bewusstsein vom Ich – ein mehr oder weniger kohärentes Bild –, um alle lebenslangen Erfahrungen zu verarbeiten und zu sammeln. Es konstruiert Bilder, die alle Sinneserfahrungen deuten, und versucht, sie zueinander in Bezug zu setzen, sodass der Mensch durch sein Gedächtnis verstehen kann, was rundherum vorgeht. Die Fähigkeit, ganz verschiedene Erfahrungen in Zusammenhang zu bringen, diese Assoziationsfähigkeit ist wohl die größte kreative Leistung des Gehirns. Die Summe aller dieser Erinnerungen ist das Ich.

Man könnte viele Organe an einem Menschen austauschen, ohne seine Identität infrage zu stellen: Leber, Nieren, Lunge, Herz. Beim Gehirn ist dies anders. Aus diesem Gedankenexperiment wird klar, dass das Gehirn die Identität beinhaltet. Wie? Das wird wahrscheinlich das 21. Jahrhundert preisgeben. Ich hoffe, das erlebe ich noch, denn es wird sicher die bedeutendste Entdeckung dieses jungen Jahrhunderts.

Bei dem Versuch, verschiedene Erfahrungen in Zusammenhang zu bringen, muss das Gehirn aktiv und kreativ sein. Dabei sind ihm im Grunde keine Grenzen gesetzt. Die Anzahl der möglichen Verknüpfungen ist unendlich. Es kann sich dafür Dinge ausdenken, die Sinn ergeben oder auch nicht. Die existieren oder nicht. Es kann Geschichten erfinden, die kohärent klingen, aber unwahr sein könnten. Das alles kann das Gehirn. Was uns WissenschaftlerInnen nun interessiert, ist herauszufinden, welche dieser Geschichten der Realität, also der Wahrheit entsprechen und welche nicht. Welche Aussagen gehören zu Kategorie eins und welche zu Kategorie drei (siehe Kapitel 4)?

Seit der Mensch Dinge denken kann, die es nicht gibt, kann er sein Ich manipulieren und an Dingen festhalten, die ihm kohärent oder auch nützlich erscheinen. Ganz pragmatisch. Dadurch hat er einen großen Einfluss auf sein Selbstbild. Und auf das Ich seiner Mitmenschen. Es gibt jene, die wenig Einfluss auf andere Menschen haben; die passiv sind. Und es gibt aktivere Menschen, die andere stark beeinflussen (positiv wie negativ). Aber unterm Strich kann das Ich eine Eigenproduktion sein – wenn es die Gelegenheit dazu bekommt. Vielleicht ist das mein Wunschdenken, weil ich hoffe, dass wir unser Ich selbst bestimmen und Subjekte, keine Objekte sind. Es mag Wunschdenken sein. Aber selbst wenn es bisher Wunschdenken gewesen sein mag, wird es möglich, sobald man sich dieser Möglichkeit bewusst wird, sein Ich zu formen.

Sobald der Mensch verstanden hat, wie Evolution funktioniert, und sich seiner Existenz bewusst geworden ist, wird ihm klar, dass er einen ziemlich großen Spielraum für die Gestaltung seines Ichs hat. Er ist so frei, entscheiden zu können, was er will. Und was nicht. Freiheit des Denkens, Freiheit des Ichs!

Das Ich muss sich diese Freiheit erkämpfen. Sie ist keine Selbstverständlichkeit. Denn es gibt zwei Dinge, gegen die das freie Ich sich ständig wehren muss: Gewalt und Manipulation. Die Evolution hat starke Kräfte hervorgebracht, die dieser Individualität entgegenwirken. Die Evolution ist nämlich pragmatisch. Was möglich ist und was kurzfristig erfolgreich ist, kann vieles zerstören. Nicht alles, was evolutionär erfolgreich ist, ist auch wünschenswert! Die individuelle Entwicklung eines rationalen, freien Ichs braucht Freiraum, Bildung und auch viel Kraft. Irrationale Kräfte, Macht und Unterdrückung sind ständige Begleiterscheinungen der menschlichen Kulturevolution. Dagegen muss das rationale Ich ankämpfen.

Ich versuche mir oft vorzustellen, wie die Erfindung des Ichs den Menschen verändert hat. Wie lange mag es das Ich schon gegeben haben, bevor es in der Lage war, sich selbst wahrzunehmen? Oder ist diese Wahrnehmung die Geburtsstunde des Ichs? Wann wurde der Mensch sich seines Ichs bewusst? Der Mensch hat sein Ich nämlich erst erfinden müssen, und er erfindet es im Lauf der Evolution und seines eigenen Lebens tagtäglich weiter. Der moderne Mensch hat die Fähigkeit dazu; diese Möglichkeit sollte ein Menschenrecht sein!

Eine menschliche Erfindung, die die Wahrnehmung seines Ichs sicherlich beeinflusst hat, war der Spiegel. Wie haben Menschen sich selbst, ihr Ich wahrgenommen, als es noch keine Spiegel gab? Im Wasser reflektiert? Man sieht sein Gesicht im Wasser nicht gut. Man sieht eine Art Schatten, kein scharfes Bild. Das Bedürfnis, sich selbst zu sehen, war anscheinend sehr groß, denn Spiegel gibt es schon sehr lange. Wohl um die Kriegsbemalung im Gesicht bewundern zu können. Allererste Hilfsmittel, um sein eigenes Gesicht sehen zu können, waren flache Schalen mit Wasser. Die Erfindung des Spiegels fällt in die Kupfersteinzeit oder Bronzezeit. Damals polierten Menschen die verfügbaren Metalle, 3000 Jahre vor unserer Zeitrechnung. In Mesopotamien gab es schon Spiegel. Der Spiegel ist eine wesentliche Erfindung, welche der Entwicklung des Ichs starke Impulse gegeben hat. Der moderne Mensch wächst umgeben von Spiegeln auf.

Für mich ist folgender Gedanke faszinierend: Bevor die Menschen ihr äußeres Ich im Spiegel sehen und sich selbst erkennen konnten, sahen sie sich als Reflexion in den Augen und dem Gesichtsausdruck ihres Gegenübers. Der Mensch hat sich im Blick des anderen wahrgenommen. Der Gesichtsausdruck des Gegenübers lügt nicht und gibt sofort ein Feedback, welche Wirkung man auf den anderen hat. Wie wichtig diese Wirkung ist! Sie kann das Glück auf Erden bedeuten oder das genaue Gegenteil. Und wie ist es, nicht wahrgenommen zu werden? Nicht angeschaut zu werden?

Dieser Spiegel seines Ichs im Blick seines Gegenübers ist aus meiner Sicht die stärkste Sichtbarwerdung des Ichs. Man sollte sich dessen bewusst sein, wenn man andere anstarrt oder wertend betrachtet. Hier werden Grenzen errichtet. Um diesen Blicken entgegnen zu können, ohne sein Ich zu verletzen, muss man dieses Ich schon gut verankert haben. Das wäre im Übrigen ein sehr wichtiges Bildungsziel: Selbstbewusstsein.

Eine Möglichkeit, der Erfindung des Ichs historisch auf die Spur zu kommen, ist, herauszufinden, ab wann es in der Kunst Selbstporträts gab. Eines der ersten und wichtigsten Selbstporträts ist das »Selbstbildnis im Pelzrock« von **Albrecht Dürer**, das in der Münchner Pinakothek zu sehen ist. Er zeichnete sich wie Christus, wie einen Gott. Super! Und die Menschen waren empört ob dieser Dreistigkeit. Aber ich finde es sensationell, weil er offensichtlich ein starkes Selbstbewusstsein hatte und es außerdem zeigt, dass Dürer schon bemerkt haben muss, dass der Mensch sein eigener Schöpfer sein könnte.

Auch Albrecht Dürer stand vor der Frage: »Wer bin ich?« Die Schönheit war für ihn etwas Göttliches. Und er verschönerte sich selbst. So einen schönen Menschen wird es in Wirklichkeit nicht geben. Er hat seine Gesichtszüge feiner und seine Nase schmäler gemacht. Hat sein Ich aufpoliert. Es nach seiner Idee von sich selbst geschaffen und der Nachwelt hinterlassen.

Warum ist es überhaupt wichtig, über die Erfindung des Ichs nachzudenken? Was hat es mit der Erfindung des Menschen zu tun? Nun, komplexe Systeme, die sich selbst als Kollektiv ordnen, bestehen aus vielen einzelnen Elementen. Jedes für sich erfüllt relativ einfache Aufgaben. Aus der Summe dieser vielen einfachen Aufgaben entsteht das große Produkt Menschheit – vergleichbar mit einem Ameisenhaufen, in dem jedes kleine Tierchen mit seiner kleinen Aufgabe zum großen Ganzen beiträgt. Höchstwahrscheinlich ist es kein geplantes Produkt, sondern das ungeplante und unkontrollierte Ergebnis der sozialen Evolution.

Trotzdem treibt mich die Frage an, wie groß der Beitrag unserer eigenen Ich-Erfindung zu diesem Kollektiv Menschheit ist. Viele einzelne Handlungen in der komplexen, großen Gesellschaft ergeben ein Muster, das weder vorausgesagt noch kontrolliert werden kann. Der Mensch verhält sich so, wie er glaubt, dass er sich verhalten sollte – ohne zu ahnen, welche Auswirkungen seine Handlungen auf das große Kollektiv haben werden. Er ist eine Ameise ohne Plan.

Wobei: Nicht mehr. Denn was das 20. Jahrhundert – vor allem seit den Veröffentlichungen des Club of Rome – auszeichnet, ist, dass die Menschen überlegen, welche Folgen ihre Handlungen für den Planeten haben. Dem Bewusstsein, dass die Menschen den Planeten zerstören, wenn sie ihre Handlungen nicht ändern, kann niemand mehr entkommen. Dieses Bewusstsein ist inzwischen langsam in allen Gehirnen verankert und sollte ein Teil des modernen Menschenbildes sein. Wir Menschen überlegen, dass das, was wir tun, globale Auswirkungen haben könnte. Der Flügelschlag eines Schmetterlings in Rio de Janeiro kann einen Tornado in Texas auslösen, sagt der Komplexitäts- und Wetterforscher **Edward Lorenz**. Jedes Ich zählt. Wenn auch mit unterschiedlichem Gewicht – und es ist oft nicht voraussagbar, welche Wirkung jeder Einzelne auf die Menschheit haben wird. Das ist eben eines der wesentlichen Merkmale komplexer Systeme.

Nicht jeder einzelne der sieben Milliarden Passagiere des Raumschiffs Erde hat einen großen Einfluss auf das große Ganze. Es mag sogar Menschen geben, deren Handlungen überhaupt keine Auswirkungen haben. Und es mag einzelne Spitzendenker geben, die

Auswirkungen auf ihre unmittelbare Umgebung haben. Etliche werden vollkommen unerwartete Dinge tun, deren Folgen lange unerkannt bleiben. Und wieder andere haben einen enorm großen und lang anhaltenden Einfluss auf die gesamte Spezies. Wolfgang Amadeus Mozart hat mit seiner Musik einen unglaublich großen und sehr positiven Einfluss auf die gesamte Menschheit. Genau wie mein Held **Edward Snowden**. Es ist so toll, was er gemacht hat, wie mutig er ist. Er wusste, dass sein Leben sich komplett verändern würde, wenn er mit der Wahrheit zur Presse geht – und nicht zum Besseren. Aber er hat sich trotzdem für die Wahrheit eingesetzt. Die Folgen seiner Handlungen sind bis heute nicht klar festzustellen. Aber er ist in gewisser Hinsicht ein Aufklärer. Seit seiner Heldentat ist bekannt, dass alle Daten, Telefonate, E-Mails in den großen Datenspeichern landen. Das ist eine enorme Änderung des menschlichen Bewusstseins, Teil der modernen Kriegsführung. Ein Teil der Kulturevolution.

Trotzdem scheint es nicht so viel Einfluss auf das Verhalten der Menschen zu haben. Viele stört es anscheinend nicht, zu wissen, dass ihre Internet-Beiträge und Telefonate gesammelt und abgelesen werden. Ich denke, alle, die als Kind das Gottesbild des allwissenden, alles sehenden, alles überwachenden und strafenden Gottes vorgelegt bekommen haben, für die ist die NSA ein Witz. Ein Lercherl, wie man in Wien sagt. Was sind schon nicht besonders intelligente NSA-Mitarbeiter, verglichen mit einem unfehlbaren Gott, der alles sieht? Abgesehen davon posten wir wahrscheinlich immer noch auf Facebook, schicken SMS-Nachrichten und E-Mails und telefonieren, weil uns der Austausch über soziale Medien wichtiger ist als der Schutz unserer Daten. Denn wir Menschen sind ständig auf der Suche nach guten Tipps für das eigene Ich. Wir können die Vielfalt an Ausdrucksformen von Ichs aus der Umgebung nutzen, um das eigene Ich zu gestalten. Der Mensch ist ein Nachahmer. Nachahmung ist seine wichtigste Lernmethode. Und das Ich ist die Summe vieler Bilder aus der Umgebung und einiger eigener Ideen.

Die Ideen von Mark Zuckerberg, Bill Gates, Steve Jobs – sie werden eine sehr starke Auswirkung auf die Evolution des Ichs haben. Welchen Einfluss das Internet und der Gebrauch des Computers konkret haben werden, ist noch kaum abzuschätzen. Das ist ein Experiment, welches die Menschheit zum ersten Mal macht. Ob gut oder schlecht, das können wir noch nicht bewerten. Das ist Kulturevolution pur. Wenn **Alan Turing**, der Vordenker des Computerzeitalters, nicht in den 1950er-Jahren für seine Homosexualität verurteilt worden wäre und sich umgebracht hätte, wären wir sicherlich schon weiter vorangekommen in diesem Experiment.

Sherry Turkle untersucht seit vierzig Jahren, welchen Einfluss Computerprogramme auf die Identitätsentwicklung von Kindern haben. Sie spricht vom »zweiten Ich«, weil es ein Leichtes ist, im Internet eine oder mehrere Identitäten aufzubauen, die dann einen immer stärkeren Einfluss auf das analoge Ich haben können. Allein mit 100 Freunden. Die vielen verschiedenen Darstellungen von digitalen Ichs sind ein klarer Ausdruck dafür, dass diese Menschen verstehen wollen, wer sie sind. Es ist aber auch klar, dass sie, je mehr Zeit sie als virtuelle Ichs verbringen, umso weniger Zeit haben, anderen realen Menschen zuzuhören. Und umso weniger Zeit, ihnen in die Augen zu schauen. Das Signal, das sie erwarten, ist keine reale Reaktion des Ichs in den Augen des Gegenübers, sondern in Form von »Likes«. Viele Likes bedeuten, dass das Ich gut ankommt.

Je mehr Individualität, desto mehr Likes, desto mehr Einfluss auf das Kollektiv? Wie groß ist der Beitrag jedes Einzelnen? Wie frei ist jeder Einzelne in diesem Kollektiv? Wie viel Individualität hat er? Gerade weil der Mensch vor 70 000 Jahren gelernt hat, eigene Ideen zu haben, möchte ich hier ein starkes Plädoyer dafür halten, dass der Beitrag Einzelner ziemlich wichtig sein kann. Wenn jemand sich dessen bewusst ist, steigt auch die Verantwortung für seine Taten.

Seit 70 000 Jahren basteln wir Menschen an der Menschheit und an unseren Ichs, und das auf eine immer intensivere und effizientere Weise. Seit der Erfindung der Massenmedien ist es leichter möglich, eine Vielzahl von Menschen zu mobilisieren. Hätte Hitler ohne das Radio tun können, was er getan hat? Er war der Erste, der das Radio verwendet hat, um Massen zu manipulieren. Er hat den Deutschen ein Ich serviert, ein Selbstbild, das Bild des deutschen Ariers. Die Menschen waren stolz darauf, ein Element dieses Kollektivs zu sein. Er hat damit gespielt. Es war ein unheimliches Experiment, das erstaunlicherweise effizient war. Wahrscheinlich, weil das Radio etwas Neues war, waren die Menschen zur Zeit Hitlers noch viel empfänglicher für ein so manipulatives Instrument. Es hatte sich bei den Menschen noch keine Radioresistenz und keine Propagandaresistenz gebildet. Auch daraus ergibt sich ein wichtiges Erziehungs- und Bildungsziel für das 21. Jahrhundert: ein kritischer Zugang zu den Massenmedien.

Ein weiteres Beispiel für Massenmanipulation mit neuen Medien ist die derzeitige Radikalisierung junger Muslime. Mohammed ist ein Beispiel für den Einfluss, den ein einzelnes Ich auf die Menschheit haben kann. In seinem Namen wird heute, 1400 Jahre nach seinem Tod, noch gemordet. Das Kollektiv Boko Haram besteht sicherlich nicht aus rational denkenden Individuen, eher aus einer Sammlung von manipulierten Menschen, die eine Wahnsinnsidee verfolgen – den Islamischen Staat. Ein Kollektiv von aggressiven, entpersonifizierten Gottesanbetern, identitätssuchenden Ichs, die einem längst Verstorbenen nacheifern.

Seine Identität als Mitglied einer ideologischen Gruppe zu suchen, der Versuch, im Kollektiv Halt zu finden, ist immer ein Zeichen der Schwäche. Ich finde es vielsagend und spannend, dass diese Attentäter sich vermummen. Sie verstecken ihre Individualität und ihr Ich, das sich anscheinend nicht entwickeln konnte. Ebenso bedauernswert ist die Vermummung muslimischer Frauen. In Saudi-Arabien haben sich kürzlich zum ersten Mal Frauen zur Wahl gestellt – mit verdecktem Gesicht.

Heute sind wir von den Massenmedien gesättigt, wir reagieren nicht mehr so automatisch darauf. Deswegen müssen Werbung und politische Propaganda immer aggressiver werden, sonst hört keiner mehr hin. Ich schaue nicht fern und mag es nicht, unterhalten zu werden, wenn ich es nicht will. Ich fühle mich belästigt und angegriffen. Sogar in der Straßenbahn verfolgt mich der »Infoscreen«. »Messages« nennen die Amerikaner die Werbung, Botschaften. Ja, was ist denn die Botschaft? So weit geht die Manipulation, dass Werbung für ein Produkt als Botschaft bezeichnet wird.

Ich plädiere dafür, sich von Zeit zu Zeit aus dem Kollektiv Internet auszuloggen und sein Ich aufatmen zu lassen. Geht das überhaupt? Ein Tag ohne Werbung, ohne Unterhaltung? Kann man sich dem überhaupt entziehen? Ich sage: Ja! Wer diese Dinge kritisch betrachtet, kann wieder immun und resistent werden. In dem Moment, in dem man das Muster und die psychologischen Tricks der Werbung erkannt hat, kann man sich auch davor schützen. Wir Menschen müssen kritisch bleiben, unsere Sinne immer wieder schärfen und nur die positive Seite der Medien mit all ihren Vorteilen genießen. Als Quelle des Wissens und der vielfältigen positiven Einflüsse, die für die Gestaltung unserer Ichs von Nutzen sein können.

Das Ich kann sich besser entfalten, wenn es sich im Einverständnis mit der sozialen Umgebung bildet, ohne negativen Gruppenzwang. Es ist ein großer Fortschritt, dass die Toleranz heute so in den Mittelpunkt gerückt ist, dass wir uns in einer Wendephase befinden und die Diversität der Ichs zugelassen wird. »Ich bin okay, du bist okay«, hieß es in meiner Jugend – eine der Parolen der 68er-Bewegung. Daran sollten wir festhalten!

Obwohl das individuelle Ich heute in der westlichen Welt so stark propagiert wird, kann man sich des Eindrucks nicht erwehren, dass alles global, einseitig, gleichgeschaltet und eintönig wird. Im Sinne der Effizienz. Mainstream, wohin wir blicken! Die Rollenbilder sind synthetisch, unnahbar, unwirklich, unmenschlich – ein Produkt von Photoshop und kommerziellem Design. Die Ichs müssen bereits sehr stark und definiert sein, um der allgegenwärtigen manipulierenden Werbung zu entkommen.

Auf Facebook kann man erfahren, worin die Individualität im Internet propagiert wird: welche Musik ich höre, welche Filme mir gefallen, welches Auto ich fahre, welche Länder ich bereise, welche Kleidermarke ich trage, welche Getränke ich konsumiere. Lauter Konsumgüter! Im industriellen Zeitalter des kommerziellen Hedonismus definieren sich westliche Menschen über ihre Konsumgüter.

Ich kaufe, also bin ich!

Eigentlich heißt es: »Cogito ergo sum.« (Ich *denke*, also bin ich.) Mir hat das sofort gefallen, als wir das in der Schule gelernt haben. Es bedeutet, dass wir Menschen uns dadurch definieren, dass wir denken können. Das ist die Voraussetzung, dass wir uns ein Ich ausdenken können. Aber wir haben auch ein behördlich festgesetztes Ich, welches mit dem subjektiven Ich nicht viel gemeinsam hat. Was bestimmt Identität? Unser Personalausweis soll uns so beschreiben, dass wir eindeutig identifiziert werden können. Wenn man genau darüber nachdenkt, dann wollen Behörden, die meine Identität feststellen möchten, wissen, worin ich mich von allen anderen unterscheide. Der Name (den kann man ändern), das Geburtsdatum und der Geburtsort (das ist schon ziemlich eindeutig), dann Körpergröße (manchmal), Augenfarbe, Geschlecht. Irgendwie alles ein bisschen unsicher. Fingerabdruck und Irisfoto sind schon besser, aber man braucht einen Computer, um diese zu identifizieren. DNA-Sequenz oder RFLP-Muster wären sehr genau, aber auch schwierig, um sich schnell festzulegen. Es wird in Zukunft sicher so sein, dass jeder einen Chip bekommt mit den Daten, die notwendig sind, um jeden eindeutig identifizieren zu können.

Im Gegensatz zur behördlichen Identität kann sich jeder eine subjektive Identität zulegen. Wenn man Menschen einfach so fragt, wie sie sich definieren, wer sie sind, nennen sie oft das Geschlecht, die Herkunft, den Beruf, den Glauben und den kulturellen Hintergrund. Spannend finde ich, wie Wikipedia diese Eigenschaften zuordnet: Jede Biografie endet dort mit einer Liste von Stichwörtern, welche der Person zugeordnet werden. Diese werden »Kategorien« genannt. An erster Stelle steht meistens der Beruf. Am häufigsten werden Verdienste, Preise und Orden aufgelistet; erst zum Schluss die Nationalitäten, das Geburtsjahr und das Geschlecht. Die Bezeichnungen sind in der deutschsprachigen Version immer männlich, auch wenn die beschriebene Person eine Frau ist. Religionszugehörigkeiten werden nicht angegeben, aber sehr wohl Parteimitgliedschaften oder sonstige korporierte Zugehörigkeiten.

Auf Wikipedia definieren mich folgende Kategorien: Biochemiker / Hochschullehrer (Universität Wien) / Träger des Großen Ehrenzeichens für Verdienste um die Republik Österreich / Mitglied der Österreichischen Akademie der Wissenschaften / Mitglied der European Molecular Biology Organization / Wittgenstein-Preisträger / Theodor-Körner-Preisträger / Wissenschaftler des Jahres / Träger des Goldenen Ehrenzeichens für Verdienste um das Land Wien / Österreicher / Geboren 1953 / Frau.

Und so würde ich mich selbst kategorisieren: Frau / Mutter / Oma / Wissenschaftlerin / Atheistin / Feministin / Autorin / Mentorin / Gastgeberin / Wienerin / Ex-Brasilianerin / Luxemburgerin – und zukünftige Bäuerin.

Wenn es um meine Nationalität geht, bin ich gespalten. Genetisch bin ich Luxemburgerin, Luxemburgisch ist meine Muttersprache. Geboren und aufgewachsen bin ich in Brasilien, und Portugiesisch ist ebenfalls meine Muttersprache – das merke ich, wenn ich auf der Straße Brasilianisch höre, dann fühle ich mich emotional stark hingezogen und muss die Leute oft ansprechen. Österreich ist eindeutig mein neues Zuhause; ob ich mich als Österreicherin fühle, ist mir nicht klar, eher als Wienerin mit ein bisschen steirischem Einschlag. Die Ehrungen, die mir zuteilwurden, haben mich sehr gefreut, sind aber mit Sicherheit nicht Teil meines Ichs. Mitglied der Österreichischen Akademie der Wissenschaften bin ich nicht mehr: Ich bin ausgetreten, weil ich mich damit nicht identifizieren konnte. Auf die Frage, ob ich denn nicht stolz sei, Mitglied dieser elitären Gesellschaft zu sein, habe ich bemerkt, dass dem eindeutig nicht so ist. Ich habe mich eher geniert dafür und wollte nicht, dass das Teil meines Ichs wird.

Mein großes Glück waren meine Eltern. Sie haben mir sehr viel Eigenes zugestanden. Ich hatte immer das starke Gefühl, dass mein Ich in Ordnung sei. An mir wurde wenig herumgenörgelt. Es klingt banal, ist aber die Grundlage für die Entwicklung eines individuellen und glücklichen Ichs.

Da ich – nicht nur – als Kind öfters angeeckt bin, kam es vor, dass Nachbarn sich bei meinem Vater über mich beschwert haben. Er antwortete dann mit einer gewissen Ironie, dass es ihm leidtäte, ich aber nicht schlecht erzogen sei, sondern unerziehbar. Ich ärgerte mich damals darüber, dass er das sagte, weil ich es nicht lustig fand. Erst viel später erkannte ich, was das bedeutete: Er ließ mich sein, wie ich war. Dafür bin ich heute sehr dankbar.

Im Gymnasium habe ich in Zeichnen ein Selbstporträt gemalt. Mein Lehrer fragte mich verwundert, ob ich wohl noch richtig ticke. Ich habe ihm erklärt, dass das Bild keine figurative Darstellung von mir sei, denn sonst hätte ich genauso gut ein Foto machen können. Sondern es zeigte, wie ich mich fühlte. Zu sehen war eine fliegende Vogelfrau mit dickem Busen und dickem Bauch. Ich habe es beim Zeichnen einfach geschehen lassen und ohne Plan dieses Bild gemalt. Und um ehrlich zu sein, ich fühle mich heute, mit über sechzig Jahren, immer noch so. Es entspricht seit über vierzig Jahren dem Gefühl für mein Ich: eine fröhliche, fliegende, üppige Frau. Mit Lust an der Leichtigkeit und an der Freiheit.

Wenn ich Kinderfotos von mir betrachte, bin ich oft überrascht, dass auch dort schon viel von meinem heutigen Ich zu sehen ist. Es gibt eine Serie von Bildern, die mein Vater von mir als vierjähriges Mädchen am Strand in Südfrankreich gemacht hat. Ich kann mich weder an den Urlaub noch an die Situation erinnern, aber wenn ich dieses kleine Mädchen genauer betrachte, dann entdecke ich so vieles, das mir eigen ist. Ich strecke der Kamera die Zunge entgegen, furchtlos, lebensfroh und voller Kraft. Das hat sich nie geändert. Ich hatte nie Angst. Mein Vater hat mir immer gesagt,

Abbildung 5:
Mein Selbstporträt aus den 70er-Jahren

dass, wenn ich groß sei, ich machen könne, was ich will. Das war so ein tolles Gefühl, und ich war meine ganze Kindheit voll der Vorfreude auf das, was ich als Erwachsene alles tun würde können.

Ein sehr wichtiges Ereignis meiner Kindheit war die Vorbereitung auf die Erstkommunion. Ich ging damals in Brasilien in eine katholische Schule, Sacré-Cœur de Marie, und im ersten Volksschuljahr fand die Erstkommunion statt. Die Nonne, die uns unterrichtete, meinte, der Herrgott hätte für uns Mädchen zwei mögliche Wege bestimmt: Entweder wir heiraten und bekommen Kinder, oder wir werden Nonnen und gehen ins Kloster. Der Herrgott werde uns den richtigen Weg aber nicht sagen, deswegen müssten wir sehr wachsam sein, damit wir das Richtige für uns finden – denn wenn wir das Falsche aussuchten, seien wir verloren.

Ich war entsetzt, fand das sehr ungerecht und beschloss, Gott nicht zu mögen und schon gar nicht zu verehren. Auch wenn meine Seele dann verloren wäre. Als ich draufgekommen bin, dass es keinen Gott gibt, war das für mich ein richtiger Freudentag. Ich kann mich noch sehr gut daran erinnern, wie leicht und selbstsicher ich mich gefühlt habe, als ich bei der Kirche mit der Gottesstatue vorbeiging und mir dachte: Den brauche ich nicht mehr zu fürchten. Dieses Ereignis festigte sicherlich meine Furchtlosigkeit vor Autoritäten. Wenn man den Kampf gegen Gott gewonnen hat, wen sollte man dann noch fürchten? Kindern das Bild eines strafenden, selbstherrlichen Gottes, der alles sieht, zu vermitteln, ist ein Verbrechen. Für eine gesunde Ich-Bildung ist es fatal.

Jeder hat ein eigenes Ich. Wir sind individuell, jeder von uns ist genetisch anders, darüber hinaus hat jeder unterschiedliche epigenetische Prägungen, unterschiedliche Erfahrungen und Erinnerungen. Auch wenn Massenmedien und Massenindustrie alles vereinheitlichen wollen, damit sie mit weniger Varianten mehr Profit machen, bleiben wir individuell. Auch wenn es nach außen nicht den Anschein hat. Wie bei einer »Miss-Wahl«, bei der lauter Barbiepuppenprototypen darum wetteifern, welche die beste Kopie von Barbie ist. Alle streben nach demselben langweiligen

Schönheitsideal, nach Perfektion. Nichts dem Zufall überlassen, alles nach der unrealistischen, lebensfeindlichen Norm. Aber diese äußeren Bilder täuschen. Hinter diesen nach außen gestellten Bildern verbirgt sich eine große Vielfalt an unterschiedlichen Menschen. Man muss lernen, diese feinen Unterschiede zu erkennen. Es lohnt sich, das zur Schau gestellte Ich zu durchschauen und dahinter zu blicken. Das nach außen gestellte Ich ist nur eine Schutzfassade.

Wie können wir unser Ich individuell gestalten? Dazu brauchen wir Kreativität, und diese Fähigkeit haben wir ja seit 70 000 Jahren. Aber irgendwie haben wir Menschen es gerne bequem, wir verschwenden nicht gerne unsere Kraft. Kreativität ist anstrengend, neue Ideen zu entwerfen auch. Außerdem geht der Kreative immer das Risiko ein, sich zu irren. Wirklich Neues muss immer erst getestet werden. Daher ist der Mensch eher ein Nachahmer. Er verlässt sich lieber auf Gutes und Altbewährtes oder lässt andere neue Dinge ausprobieren. Verlässt sich auf bereits Erprobtes, das ihm gefällt. Also warum immer was Neues? Dieser Innovationszwang ist eine Perversion der jetzigen Zeit. Innovation um der Innovation willen ist dumm – Innovation ist dann angebracht, wenn sie etwas Besseres hervorbringt als das Bewährte oder als Lösungsansatz für ein Problem angewendet werden kann.

Es gibt bei der Erfindung des Ichs keinen Zwang. Wir Menschen haben die Freiheit, unser Ich aus der Fülle an Bildern, die uns im Leben begegnen, zu entwerfen. Wir haben oft die Wahl. Manche Bilder gefallen uns und wir eignen sie uns an. Manche missfallen uns und wir lehnen sie ab. Äußere und innere Ereignisse machen uns zu schaffen – wir passen uns mehr oder weniger an und wehren uns mehr oder weniger gegen Äußeres, das uns nicht passt. Und wenn wir dann mit unserem Ich zufrieden sind, weil wir es gut gestaltet haben, dann sind wir glücklich. Wenn nicht, können wir noch weiter daran arbeiten. Wir testen unsere Ich-Experimente an unseren Mitmenschen und überlegen, wie wir auf andere wirken. Wir stellen uns dem Blick des Gegenübers – oder laden ein neues Profilbild auf unsere Facebook-Seite und hoffen auf viele Likes.

Das Ich ist ein komplexes System! Es ordnet sich selbst (siehe Kapitel 1). Es schwebt nicht losgelöst im Nichts. Es baut sich Schritt für Schritt auf. Die erste Ebene seiner Komplexität ist der Zufall: Welche Gene hat es von seinen Eltern erhalten? Dazu kommen rund 100 Mutationen, welche die Eltern nicht haben. Die Kombination dieser Gene bestimmt bereits etliche Eigenschaften des Gehirns, das sich während der embryonalen Entwicklung und nach der Geburt aufbaut. Das Gehirn empfängt alle sinnlichen Signale, fasst diese zusammen und ordnet sie, damit ein sinnvolles Bild der Welt entstehen kann.

Dieses Gehirn ordnet und speichert alle Erlebnisse, und daraus entsteht dieses einzigartige Produkt, das dann die Fähigkeit entwickelt, seine eigene Existenz wahrzunehmen und über sich selbst nachzudenken und zu urteilen. Das hat wiederum zur Folge, dass es lernt, bewusst an sich selbst zu arbeiten. Das Ergebnis ist dieses eigenartige und einzigartige Wesen, das wir »Ich« nennen.

KAPITEL 6
DAS HUMANE GENOM

Revolution und Routine, Mutation, Genom, Gen und Sequenz,
schon wieder eine Kränkung, eine Vorstellungsrunde spannender
Forschungsprojekte, Adam, Eva und Ötzi.

Als ich Anfang der 8oer-Jahre meine Karriere als Forscherin begann, ging ein unglaubliches Gerücht durch die Labors: **James Watson** möchte das humane Genom sequenzieren lassen. Ich dachte mir: Irr! Das menschliche Genom ist über 3 Milliarden Bausteine lang und ich brauchte damals, wenn ich intensiv arbeitete, zwei Wochen, um die Reihenfolge von ungefähr 50 bis 100 Bausteinen zu bestimmen. Ich dachte mir: Der hat einen Vogel. Und ich war mir sicher, dass ich bei dem Projekt nicht mitarbeiten wollte, weil es reine Fließbandarbeit bedeutete. Wenn ein Postdoc (wie ich es nach der Beendigung meiner Doktorarbeit damals war) in zwei Wochen die Sequenz von 100 Basen bestimmen kann, würde das Projekt allein für die Sequenzierung 66 Millionen Postdoc-Arbeitswochen, über eine Million Postdoc-Arbeitsjahre, verbrauchen. Undenkbar. Dazu die Probleme mit der Verarbeitung der Daten – Anfang der 8oer-Jahre gab es kaum Computer, die das hätten bewältigen können, und auch die Spezies »Bioinformatiker« war noch nicht evolviert.

Aber Watsons Idee war nicht irre, sondern sehr visionär. Der Wunsch der Menschen, ins eigene Genom hineinblicken zu können, war sehr stark. Ich dachte mir auch, dass es ein globales

Projekt werden müsste, weil das Ergebnis so spannend sein würde. Wir Menschen wollten ja schon immer wissen, wer wir sind und woher wir stammen. Der wichtigste Schlüssel zur Lichtung vieler Geheimnisse der menschlichen Evolutionsgeschichte ist wohl die Entzifferung des humanen Genoms. Denn in diesem steht die genetische Geschichte genau beschrieben – wir müssen nur lernen, sie zu bestimmen, und dann die Ereignisse, die dort gespeichert sind, zu verstehen. Wahrscheinlich steht noch viel mehr drinnen, als wir uns heute überhaupt vorstellen können.

Und dann ging es los. Die Dinge entwickelten sich viel rascher, als ich es mir hätte vorstellen können. Kaum zwanzig Jahre später war die Bestimmung des humanen Genoms fast fertig. Ganz abgeschlossen ist sie auch heute noch nicht, weil viele Teile davon sich immer wieder wiederholen und wir sie daher nicht eindeutig zuordnen können. Man nennt diese sich wiederholenden Regionen »repetitiv«. Und viele meinen, diese repetitiven Sequenzen seien genomischer Müll. Ich bin aber überzeugt davon, dass sie das nicht sind. Deswegen versuche ich, Methoden zu entwickeln, um herauszufinden, ob dieser angebliche Müll nicht doch eine Bedeutung hat. Und wenn ja, welche.

Heute, kaum dreißig Jahre nach der visionären Idee **Watsons**, finden wir uns im »postgenomischen« Zeitalter wieder, weil das Humangenomprojekt bereits so weit fortgeschritten ist, dass schon die nächsten Großprojekte auf der Tagesordnung stehen. Wenn die Sequenzierung des ersten Genoms noch dreißig Jahre gedauert hat, so kann heute ein menschliches Genom in ein paar Stunden bestimmt werden. Der ausgestorbene Bruder des Menschen, der Neandertaler, ist genetisch bestimmt und es ist bekannt, dass sich Mensch und Neandertaler reproduktiv begegnet sind. Die Genome von Hund, Maus, etlichen Fruchtfliegen und Fischen, von Reis und, und, und sind bekannt. Immer mehr einzelne Menschen lassen sich ihr Genom bestimmen. Genome zu sequenzieren ist Routine geworden. Jetzt können wir alle diese verwandten Wesen miteinander vergleichen und daraus die menschliche Geschichte erkennen, unsere Evolution. Um das tun zu können, brauchen wir so viele Genome wie möglich. Je mehr Daten, desto genauer können unsere Bestimmungen sein.

Das chinesische Beijing Genomics Institute (kurz BGI) kann man nicht unerwähnt lassen, wenn es um visionäre Großprojekte geht. Das BGI ist mittlerweile das größte Unternehmen, in dem Forschung über das menschliche Genom betrieben wird. Es ist ein Konglomerat aus Wissenschaft und Industrie mit einer sehr politisch geprägten Vision, nämlich die Genomforschung »zum Wohle der Menschheit« einzusetzen. Das lässt mich ein bisschen unruhig werden, denn es ist unklar, welchen Aspekten der Menschheit da »gedient« werden soll (zur ethischen Perspektive siehe Kapitel 8).

Auch Österreich hat ein kleines Genomprojekt initiiert. Es wurde am Forschungszentrum für Molekulare Medizin (CeMM) der Akademie der Wissenschaften ins Leben gerufen. Das Projekt hat zum Ziel, einen öffentlichen Zugang zum Thema zu finden; es hat nicht nur einen wissenschaftlichen Zweck, sondern betont die kulturelle Komponente. Österreich wird »sein Genom« herzeigen und öffentlich diskutieren, was das sein könnte. Jeder, der interessiert ist, kann mitmachen. Voraussetzung ist aber ein Test, der zeigen soll, dass die Teilnehmer verstanden haben, worum es sich dabei handelt.

Wenn es um die Geschichte der menschlichen Genome geht, kommt man unmöglich an **Svante Pääbo** (siehe Kapitel 3) vorbei. Er ist der Begründer der Paläogenetik. Bereits als Doktorand ist es ihm gelungen, die DNA einer Mumie zu isolieren. Er ist der treibende Kopf der evolutionären Genetik, und sein Institut in Leipzig überrascht die Öffentlichkeit regelmäßig mit Sensationen. So hat seine Gruppe das Genom des Neandertalers bestimmt, ebenso wie das des Denisova-Menschen. Die Strategie ist es, sowohl Genome von ausgestorbenen Menschenarten als auch von heute lebenden Menschen aus der ganzen Welt zu bestimmen und miteinander zu vergleichen. Dadurch kann man deren Verwandtschaftsverhältnis ermitteln. Beim Vergleichen der Genome von vielen verschiedenen

Menschen wird es möglich, zu verstehen, welche Migrationen auf der Erde stattgefunden haben.

Das alles steht im Genom. Es ist die Gesamtheit der Erbinformation eines Organismus. Diese ist in einem Molekül namens Desoxyribonukleinsäure, kurz DNA, gespeichert. Das Genom enthält nicht nur die Information über die Gene selbst, sondern auch die Information, die nötig ist, um die Gene ein- und auszuschalten, je nachdem, ob sie gebraucht werden oder nicht. Die Länge von Genomen wird durch die Anzahl der Basenpaare ausgedrückt und unterscheidet sich sehr stark zwischen den Organismen. Die kleinsten Genome stammen von Viroiden und Viren und sind nur ein paar Hundert bis ein paar Tausend Basenpaare lang. Viren sind jedoch keine Organismen, denn sie haben keinen eigenen Stoffwechsel und bilden keine eigenen Zellen, sondern missbrauchen dazu eine Wirtszelle.

Lebewesen mit voll funktionsfähigen Zellen können auch noch recht kurze Genome haben, wie zum Beispiel Mycoplasma genitalium mit »nur« 480 000 Basenpaaren. Typische Bakterien wie Helicobacter pylori oder Escherichia coli haben Genome mit 1,7 und 4,6 Millionen Basenpaaren. Bakterielle Genome sind meistens in einem Stück und ringförmig. Zusätzlich haben Bakterien DNA-Stücke, die abseits des Chromosoms liegen und Plasmide genannt werden. Diese Plasmide sind sehr mobil und können von Zelle zu Zelle wandern. Sie tragen oft Resistenzgene gegen Antibiotika. Dieses »horizontale« Wandern von Genen, die nicht von Mutter- auf Tochterzelle vererbt werden, sondern von Zelle zu Zelle, nennt man horizontalen Gentransfer. Unter Bakterien ist das sehr häufig und dafür verantwortlich, dass sich Antibiotikaresistenzen so rasch verbreiten.

Die Bierhefe ist ein einzelliger Pilz und gehört schon zu den höheren Zellen mit Zellkern. Sie hat 16 Chromosomen und 12 Millionen Basenpaare. Die Genomlänge eines sehr simplen Wurms (Caenorhabditis elegans) misst 100 Millionen Basenpaare, jene der Fruchtfliege 122 Millionen. Die Genomlängen von Pflanzen und

Amphibien können sehr stark variieren, von 1 bis 100 Milliarden Basenpaare. Der Homo sapiens hat ein Genom, das über 3,3 Milliarden Basenpaare hat.

Bei der Beschreibung eines Genoms kommt es jedoch nicht nur auf die Länge an – also die Anzahl der Basenpaare –, sondern auch darauf, wie viel Information darin steckt. Bakterien haben kurze Genome, die genetische Information ist aber sehr dicht verpackt. Sie können zum Beispiel 4000 Gene in 4 Millionen Basenpaare verpacken. Das Genom des Homo sapiens ist 1000-mal länger, könnte also 4 Millionen Gene darin verpacken. Tut es aber nicht. Das war eine der großen Überraschungen des Humangenomprojektes: die geringe Anzahl von Genen, die gefunden wurden. Wir dachten, dass je komplexer und weiter entwickelt ein Organismus ist, desto länger sein Genom und auch höher die Anzahl seiner Gene sei. Das stimmt aber nicht. Inzwischen wissen wir, dass es nicht auf die Anzahl der Gene ankommt, sondern darauf, wie viele Genprodukte man aus einzelnen Genen herstellen kann. Die Komplexität unseres Genoms baut auf einem kombinatorischen Mechanismus der Genexpression auf.

Ein Gen ist ein Abschnitt auf der DNA, der die Information enthält, um ein Genprodukt herzustellen. Genprodukte sind Proteine oder RNA-Moleküle. Diese steuern das Wachstum der Zellen und sind auch für den Stoffwechsel und die Vermehrung zuständig. Die Definition des Gens war früher, als wir weniger wussten, ziemlich einfach. Damals lernte ich noch: »Ein Gen – ein Genprodukt.« Seit wir aber die Möglichkeit haben, die Informationen auf der DNA viel genauer zu analysieren, merken wir, dass es auf so einem Abschnitt wesentlich mehr Information gibt als nur für ein einzelnes Produkt. Meist sind mehrere Produkte auf einem Gen kodiert – und außerdem oft Informationen für die Regulierung der Gene. Das macht die Definition eines Gens natürlich wesentlich komplexer. Lange galt also die Meinung, dass komplexe Organismen mehr Gene brauchen als weniger komplexe. Was natürlich im Großen und Ganzen auch stimmt. Aber mit der Komplexität eines

101

Organismus wächst nicht die Anzahl der Gene, sondern deren Komplexität.

Vor dem Ende des Humangenomprojekts lagen viele Wetten und Schätzungen vor, wie viele Gene der Homo sapiens wohl haben könnte. Die meisten Schätzungen lagen bei 100 000 Genen. Gefunden haben wir »nur« etwas mehr als 20 000. Der derzeitige Stand liegt bei 23 700 Genen. Viele empfanden das fast als Kränkung! Wie kann es sein, dass ein so tolles, intelligentes und hoch entwickeltes Wesen wie der Mensch nur etwas mehr als 20 000 Gene hat? Die Antwort des Rätsels ist, dass aus den 20 000 Genen sehr viel mehr als 100 000 Genprodukte gemacht werden können. Manches einzelne Gen kann Hunderte Genprodukte herstellen. Und außerdem haben wir überraschenderweise sehr viele RNA-Genprodukte gefunden: Regionen auf der DNA, die als »Zwischenraum« zwischen Genen gegolten haben, enthalten auch Information zur Herstellung von RNAs. Daran wird noch intensiv geforscht, denn bei den meisten kürzlich entdeckten RNAs haben wir noch keine Ahnung, welche Aufgaben sie in der Zelle haben.

Ein extremes Beispiel ist das Dystrophin-Gen. Es kodiert für ein Protein der Muskelfasermembran. Das Besondere an ihm ist seine Länge: Es ist 2,5 Millionen Basenpaare lang und damit das längste humane Gen, halb so lang wie das ganze Genom eines Darmbakteriums, das 4000 Gene besitzt. Das Dystrophin-Gen liegt am X-Chromosom, und Mutationen in diesem Gen führen zu einer schlimmen Muskelerkrankung, die bei Knaben bereits im Alter von zwei bis fünf Jahren auftritt. Sie zwingt das Kind im Alter von zwölf Jahren in den Rollstuhl und kann mit Anfang zwanzig schon zum Tod führen. Das Dystrophin-Gen ist zwar 2,5 Millionen Basenpaare lang, die Information für das Protein ist aber »nur« auf 14 000 Basen und in 79 Stücken über das Gen verteilt. Es wird dann in einem kombinatorischen Prozess in mehreren Proteinformen zusammengestellt. Das Gen kodiert also nicht nur für eine Form des Proteins, sondern für mehrere Formen, die im Skelett- und Herzmuskel und sogar im Gehirn eingebaut werden.

Es ist ein sehr komplexes Gen – es sind über 100 unterschiedliche Veränderungen bekannt, die zu unterschiedlich schweren Erkrankungen des Muskelsystems führen.

Die Reihenfolge der vier Bausteine auf einer DNA-Kette bezeichnet man als Sequenz. Diese vier Bausteine, auch Basen genannt, sind Adenin (A), Cytosin (C), Guanin (G) und Thymin (T). Die genetische Information ist in der Reihenfolge dieser Basen auf der Kette gespeichert. In der Zelle liegt die DNA in Form einer Doppelhelix vor.

Die Kette hat Polarität, was bedeutet, dass zum Beispiel AACGTTA nicht gleich ATTGCAA ist. Die Richtung der Kette wird mit 5' nach 3' bezeichnet. Das hat mit der Bezeichnung des fünften und dritten Kohlenstoffatoms im Zuckerteil der DNA zu tun. Sehr wichtig für die Vermehrung der DNA ist die Tatsache, dass die beiden Stränge der Doppelhelix über die Basen Wasserstoffbrücken eingehen, welche als Basenpaarung bezeichnet werden. A paart mit T, und C paart mit G. Daher hat jeder Strang einen komplementären Strang. 5' AACGTTA 3' ist komplementär zu 5' TAACGTT 3'. Das ist sehr praktisch, denn in einem Strang ist die gesamte Information enthalten. Wenn dazu ein komplementärer Strang gebildet wird, dann entsteht wieder eine Doppelhelix (siehe Abbildung 6).

Die Bestimmung dieser Reihenfolge der Basenpaare auf der DNA bezeichnet man als Sequenzierung. Die dazu notwendigen Methoden haben sich im Laufe der letzten vierzig Jahre sehr rasch entwickelt. Während in den 70er-Jahren die DNA noch chemisch Base für Base abgebaut werden musste, konnte man in den 80er-Jahren die Sequenz enzymatisch bestimmen. Dabei wird für die Bestimmung der Sequenz ein neuer Strang hergestellt und bei jeder Base, die eingebaut wird, festgehalten, um welche der vier Basen es sich handelt. Ist das zum Beispiel ein »A«, dann findet sich auf der zu bestimmenden DNA-Kette ein »T«, weil Adenin komplementär zu Thymin ist. Das war schon ein enormer Fortschritt. Seit zirka neun Jahren kann man Millionen Basenpaare gleichzeitig

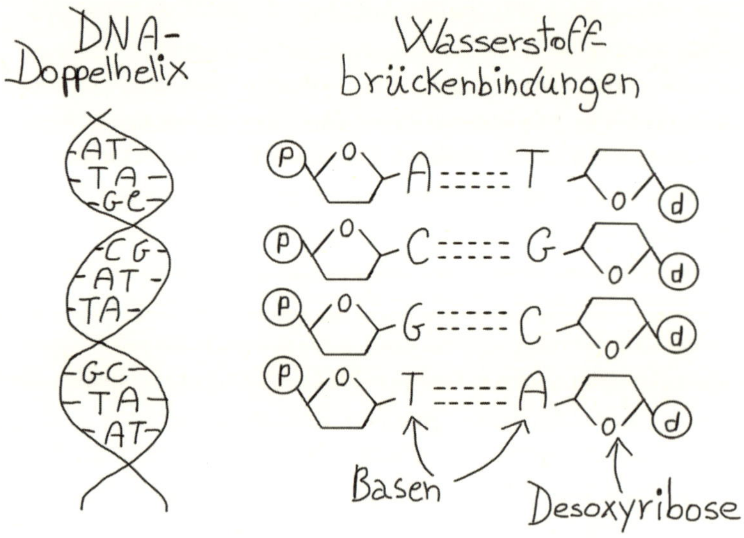

Abbildung 6:

Aufbau der DNA-Doppelhelix: Das Rückgrat der DNA ist eine Kette, bestehend aus einer Desoxyribose und einem Phosphat, und an jeder Desoxyribose hängt eine der vier Basen (A, C, G oder T). Zwei Stränge paaren über Wasserstoffbrücken miteinander und winden sich um eine Achse in der Mitte der Basenpaare (A-T oder C-G).

bestimmen. Es gab Ende der Nullerjahre eine echte technische Revolution, welche die Forschung vollkommen verändert hat. Was vor vierzig Jahren eine heroische Tat war, ist heute Routine.

Die Gensequenz, die zur vollen Funktionsfähigkeit eines Genprodukts führt und welche der Großteil aller Mitglieder einer Spezies hat, nennen wir komischerweise »Wildtyp«. Also die »wilde Sequenz«, die man meistens findet. Ich weiß eigentlich nicht, warum wir das als Wildtyp bezeichnen. Nun passieren bei der Vermehrung der DNA regelmäßig Fehler beim Kopieren. Diese sind zwar selten, aber im Laufe der Jahrtausende häufen sich etliche Mutationen an. Die meisten davon sind harmlos und führen nicht zu einer veränderten Funktionsfähigkeit des Gens. Mutationen dieser Art nennen wir »singuläre Nukleotid-Polymorphismen« oder kurz SNPs (»snips« ausgesprochen, siehe Abbildung 7).

Es kommt vor, dass Mutationen zu einer Fehlfunktion des Genproduktes oder seiner Herstellung führen. Das ist aber meistens nicht schlimm, weil wir von fast jedem Gen zwei Kopien haben – eine vom Vater und eine von der Mutter –, sodass es nicht notwendigerweise zu Problemen kommen muss. Schwierig wird es erst, wenn diese Mutationen dominant sind, das heißt, dass sie auch die Funktion der gesunden Genkopie stören. Oder wenn das Gen am X-Chromosom liegt, denn Männer haben nur eine Kopie des X-Chromosoms. Deswegen kommt es bei Männern oft zu Erkrankungen, die bei Frauen sehr selten sind. Zum Beispiel die Muskeldystrophie oder die Hämophilie, eine Blutgerinnungsstörung. Es werden immer mehr solche Mutationen entdeckt und eindeutig mit einem Krankheitsbild in Verbindung gebracht. Es ist nämlich gar nicht einfach, eindeutig zu bestimmen, welche Veränderung in der Gensequenz zu welchem genauen Krankheitsbild führt.

Während der Vermehrung unserer Gene passieren Fehler. Variationen. Das ist die Grundvoraussetzung dafür, dass Evolution überhaupt stattfinden kann. Jedes Kind bekommt zwei Kopien von jedem Gen: eine vom Vater und eine von der Mutter. Doch weil bei der Vermehrung der Gene während der Entstehung der

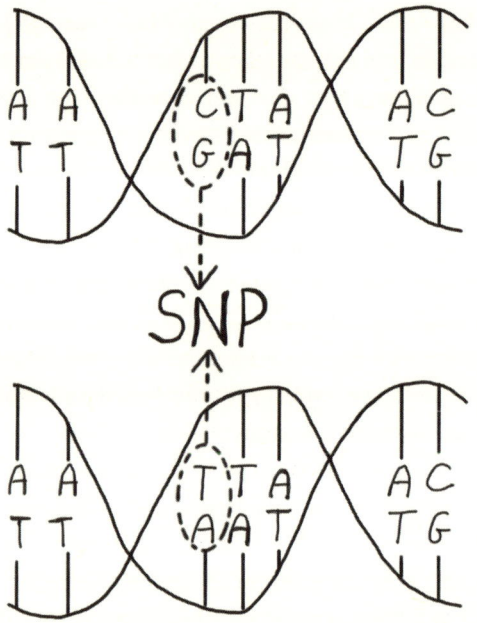

Abbildung 7:
»Singuläre Nukleotid-Polymorphismen« (SNPs) sind Variationen in der Gensequenz, die still sein, die aber auch die Funktion der Genprodukte stören können, wenn sie in einer wichtigen Domäne liegen.

106

Keimzellen (Spermien und Eizelle) Abschreibfehler passieren, hat jedes Kind ungefähr 100 SNPs, welche die Eltern nicht haben. SNPs sind Mutationen, die der Großteil der Menschen nicht hat. Es gibt eine allgemeine Genomsequenz, die der Sequenz der meisten Menschen am nächsten kommt: die »Konsensus-Sequenz«. Es gibt aber keinen Menschen, der diese genaue Sequenz besitzt.

Wegen dieser SNPs gab es auch viele Diskussionen in der Vorbereitungsphase des Humangenomprojektes, wessen DNA denn bestimmt werden sollte. Man einigte sich schnell darauf, ein Gemisch zu sequenzieren: Es wurden Freiwillige zur Spende aufgerufen, Männer und Frauen, deren Proben anonymisiert wurden. Nur ein Teil der gespendeten DNA wurde verwendet. So wissen nicht einmal die Spender selbst, ob ihre DNA verwendet wurde oder nicht. Am öffentlich finanzierten Humangenomprojekt beteiligten sich viele Forschungsinstitute und Universitäten in den USA, Europa und Asien. Später, 2007, wurde auch das Genom von **James Watson** selbst bestimmt, die erste Sequenz eines einzelnen Menschen. Mittlerweile kann sich jeder sequenzieren lassen, wenn er das will und auch finanzieren kann.

Anschließend an das Humangenomprojekt startete bald ein nächstes großes, internationales Projekt, um möglichst viele genetische Variationen (SNPs) zwischen den Menschen zu bestimmen: das HapMap-Projekt. Bei diesem Projekt wird die DNA von 270 Spendern aus vier verschiedenen Regionen der Welt (Nigeria, USA, China und Japan) sequenziert. Dieses Vorhaben soll helfen, die genetische Diversität der Menschheit zu verstehen und diese für medizinische Zwecke zu verwenden. Im Rahmen des Projektes werden über 5 Millionen SNPs bestimmt, von denen viele verschiedenen Erscheinungsmustern und Krankheiten zugeordnet werden können. Manche Krankheiten wie Diabetes, Krebs und Depressionen kommen auf der Welt unterschiedlich häufig vor und entstehen aus einer Kombination von Mutationen. Man erhofft sich, für einzelne Menschen das genetische Risiko für bestimmte Erkrankungen zu bestimmen, um dann, falls erwünscht, vorbeugende Maßnahmen

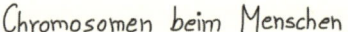

Chromosomen beim Menschen

Chromosom 16 Merkmale

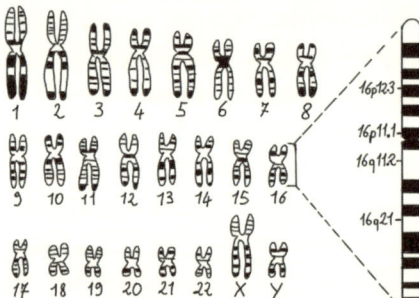

Autoimmunerkrankungen
- polyzystische Nierenerkrankung
- Typ-1-Diabetes
- rheumatische Arthritis

Krebs
- Brustkrebs
- akute myeloische Leukämie
- Prostatakrebs

Neurologische Störungen
- Autismus
- Multiple Sklerose
- Leukodystrophie

16p123
16p11.1
16q11.2
16q21

1 2 3 4 5 6 7 8
9 10 11 12 13 14 15 16
17 18 19 20 21 22 X Y

Abbildung 8:
Unser Genom mit den Chromosomen 1 bis 22, X und Y. Unsere Chromosomen
unterscheiden sich in ihrer Länge und im Bandenmuster, sodass sie im Mikroskop
leicht erkannt werden können. So ein Abbild nennt man Karyotyp. Als Beispiel ist das
Chromosom 16 hervorgehoben, mit einigen genetisch bedingten Erkrankungen, die
auf Mutationen in diesem Chromosom beruhen.

treffen zu können. Mit diesen Daten kann man also einerseits personifizierte Medizin betreiben – oder andererseits Rückschlüsse über die Evolution der Menschheit in verschiedenen Regionen der Erde ziehen.

Die menschliche DNA ist nicht in einem einzigen langen Stück enthalten, sondern in 23 Stücken: die Chromosomen 1 bis 22 und die geschlechtsbestimmenden Chromosomen X und Y. Diese wurden nach ihrer Größe nummeriert; Chromosom 1 ist das größte, 22 das kleinste. Jeder Mensch hat je zwei Kopien der Chromosomen 1 bis 22; Frauen noch zwei X-Chromosomen und Männer ein X und ein Y. Chromosom 1 ist 249 Millionen Basen (Mb) lang und Chromosom 21 nur 47 Mb. Wie schon erwähnt, ist die Dichte der Gene auf unserem Genom sehr unterschiedlich. Chromosom 19 hat die höchste Gendichte, zirka 1500 Gene auf 59 Mb, Chromosom 18 ist »genarm« mit 640 Genen auf 80 Mb. Das Y-Chromosom hat nur 72 Gene auf 57 Mb. Im Vergleich dazu hat das E.-coli-Bakterium 4000 Gene auf nur 4 Mb.

Das war das erste wirklich überraschende Ergebnis des Humangenomprojektes: die geringe Anzahl von Genen und der geringe Anteil, der wirklich für Proteine kodiert. Nur zirka 1,5 bis 2 Prozent des humanen Genoms bestehen aus den klassischen kodierenden Sequenzen, die Information für die Herstellung von Proteinen enthalten. Was macht die anderen 98(,5) Prozent aus?

Obwohl die Reihenfolge der 3,3 Milliarden Basen fast vollständig bestimmt wurde, ist es noch ein weiter Weg, den einzelnen Sequenzen Funktionen zuzuordnen. Das wird hauptsächlich von Bioinformatikern gemacht, welche zuerst die bekannten Gene annotieren und dann nach Genen suchen, die im Menschen noch nicht bekannt sind, die aber Ähnlichkeit mit Genen aus anderen Organismen haben. Daraus kann man schließen, um welche Gene es sich handeln könnte. Dazu werden alle bekannten Sequenzen miteinander verglichen. So konnte ein hoher Anteil der proteinkodierenden Gene kartiert werden – insgesamt 23 700. Derzeit wird aber vermutet, dass es doch noch ein paar mehr sein werden. Es ist schwer nachzuweisen, ob viele der potenziellen, aber derzeit noch unbekannten Peptide hergestellt und vielleicht nur in wenigen spezialisierten Zellen oder nur ganz kurz während der Entwicklung des Embryos gebraucht werden. Ich bin überzeugt, dass es in diesem Feld noch viele Überraschungen geben wird! (Siehe Abbildung 8)

Die zweite große Überraschung des Humangenomprojekts war der hohe Anteil an sich wiederholenden Sequenzen. Manche Sequenzen (»Repeats«) kommen bis zu 1 Million Mal vor, zum Beispiel die Alu-Repeats. Diese gehören zur Familie der SINEs (»Short Interspersed Nuclear Elements«), kurze zerstreute Nukleotidelemente. Diese machen 10 Prozent des Genoms aus. Welche Funktion sie haben – und ob überhaupt eine –, ist noch nicht geklärt. Sie spielen jedenfalls bei der Evolution der Gene eine Rolle und sind vor allem in genreichen Regionen zu finden. Ein Großteil dieser repetitiven Sequenzen sind mobile DNA-Elemente, die man Transposons nennt. Was ich persönlich sehr spannend finde, ist, dass ein Großteil dieser Transposons von nicht-kodierenden RNAs abstammt. RNAs werden in DNA überschrieben, vermehren sich und werden ganz oft ins Genom integriert. Derzeit bemüht man sich herauszufinden, wann welche Transposons mobil waren und welche Rolle sie bei der Evolution gespielt haben.

Kurz nach dem ersten Erscheinen der menschlichen Genomsequenz wurde sehr viel darüber diskutiert, was diese repetitiven Sequenzen sein könnten. Und es dauerte nicht lange, bis viele meinten, es sei genomischer Müll, der mitgeschleppt werde. Deshalb werden diese Sequenzen sehr oft ignoriert. Sie sind auch nicht einfach zu untersuchen, weil sie in so großer Zahl vorkommen.

Ein weiteres Nachfolgeprojekt des Humangenomprojekts ist ENCODE (Encyclopedia of DNA Elements), welches wiederum eine Großtat ist. Man will herausfinden, welche Teile des Genoms tatsächlich in RNA abgeschrieben werden, mit dem Hintergedanken, dass, wenn sie in RNA überschrieben werden, sie vielleicht doch wichtig sein könnten. Die Zelle würde ja nicht so viel Energie verschwenden für etwas, das nicht gebraucht wird. Da kam bereits die nächste Überraschung: Ein Großteil des Genoms wird in RNA umgeschrieben – obwohl die RNAs nicht für Proteine kodieren. Wozu werden sie abgeschrieben, wenn sie angeblich Müll sind und keine Funktion haben? Bis zu 75 Prozent des Genoms werden in RNA umgeschrieben. Dieses Ergebnis ergab gleich das nächste große Rätsel: Was machen alle diese RNAs? Das ist ein derzeit sehr lebhaftes Forschungsgebiet, den Durchbruch haben wir aber noch nicht erlebt. Auch hier erwarte ich mir in den kommenden Jahren spannende Entdeckungen.

Der Mensch ist sehr selbstzentriert und interessiert sich hauptsächlich für sein eigenes Wohlergehen – was evolutionär auch sinnvoll ist. Deswegen erwarten sich die meisten Menschen, dass diese Forschungen dazu führen, Krankheiten zu vermeiden und heilen zu können. Außerdem sind Krankheiten ein sehr brauchbares Mittel, um die Funktion von Genen zu untersuchen: Erst wenn ein Gen nicht funktioniert, entdeckt man seine Bedeutung. So werden die meisten Gene im humanen Genom mit verschiedenen Krankheiten in Verbindung gebracht. Wenn ein Mensch mit einer bestimmten vererbten Krankheit zum Arzt kommt, können seine Zellen herangezogen werden, um nach eventuellen genetischen Veränderungen zu suchen. Findet man einen Zusammenhang zwischen einer genetischen Veränderung (SNP) und einer Krankheit, kann man untersuchen, welche biochemischen Probleme zur Krankheit geführt haben, und dann eventuell eine spezifische Therapie finden.

Wenn wir etwas verstehen wollen, suchen wir nach den Anfängen. Um herauszufinden, worum es sich bei einem bestimmten Phänomen handelt, versucht man zu verstehen, wie es entstanden sein könnte. Das hat sehr breite Gültigkeit. Um Lebewesen zu verstehen, suchen wir nach der ersten Zelle, der Urzelle, und versuchen herauszufinden, wie diese ausgesehen haben könnte. Vor allem, welche Gene sie bereits in welcher Form hatte. Um zu verstehen, wie sich der Mensch entwickelt hat, versuchen wir möglichst viel Wissen über unsere Vorfahren zu sammeln. Da gibt es eine sehr aufwendige, aber auch sehr aufschlussreiche Methode: indem wir die Genomsequenzen aller oder möglichst vieler heutiger Menschen vergleichen, um daraus das Genom unserer Vorfahren zu rekonstruieren.

Genau das macht das »1000-Genome-Projekt«. Dieses Projekt hat das groß angelegte Forschungsziel, über 1000 menschliche Genome auf der ganzen Welt zu bestimmen und diese Daten für jeden zugänglich zu machen. Inzwischen sind die genetischen Variationen von 2504 Individuen katalogisiert, und jeder Forscher kann die Daten für seine Arbeit verwenden. Die Individuen stammen aus 25 verschiedenen Populationen und sind anonym. Die Daten werden hauptsächlich für medizinische Zwecke Verwendung finden, aber auch für Populationsgenetiker sind sie eine echte Fundgrube. Aus diesen Daten sollte man auch die Genomsequenz unseres Urmenschen ableiten können.

Es gibt eine sehr hohe Anzahl an genetischen Variationen unter den Menschen; über 30 Millionen Variationen wurden bereits untersucht. Wir heutige Menschen unterscheiden uns untereinander nur um 0,1 Prozent, aber die Variationen sind unterschiedlich verteilt. Wenn wir heute das Genom eines Menschen untersuchen, können wir ziemlich genau sagen, woher er stammt. Und wenn man alle Genome miteinander vergleicht, können wir sehr gut die Migrationswege der Menschheit rekonstruieren.

Joshua Akey, ein Populationsgenetiker an der University of Washington in Seattle, vergleicht alle zur Verfügung stehenden Sequenzen der Menschen weltweit, um herauszufinden, welche Eigenschaften sich wo häufen. Das Spannende ist, dass man durch diesen Vergleich auch Rückschlüsse auf längst ausgestorbene Vorfahren der Menschen ziehen kann. Wir können durch Genvergleich viel über unsere Vorfahren lernen, die vor Zehntausenden Jahren ausgestorben sind. Um das Genom des Urmenschen zu finden, müssen wir also nicht unbedingt Fossilien von Urmenschen ausgraben.

Die Bestimmung der Sequenz des Neandertaler-Genoms (durch **Svante Pääbo**, siehe Kapitel 3) und das Wissen, dass es möglich war, genug DNA aus Fossilien ausgestorbener Lebewesen zu gewinnen, um ihre Gensequenzen zu bestimmen, war eine wissenschaftliche Sensation. Die Neandertaler-DNA wurde aus sechs verschiedenen Fossilien gewonnen, deren Funde aus sechs verschiedenen Regionen Europas stammen. Das Ziel des Neandertaler-Teams war es, das gesamte Genom des Neandertalers zu bestimmen und diese Sequenz dann mit der von heutigen Menschen zu vergleichen. Es gab Hoffnung, dadurch etwas über die Geschichte der Migration und einer eventuellen Begegnung vom modernen Menschen mit dem Neandertaler zu erfahren. Dafür wurden auch fünf Jetztzeitmenschen aus Südafrika, Westafrika, Papua-Neuguinea, China und Europa als Vergleich sequenziert.

Das Ergebnis ist eine Sensation und verrät viel über unsere Geschichte: Als der moderne Homo sapiens aus Afrika kommend im Nahen Osten und in Europa ankam, traf er auf den Neandertaler, der bereits dort ansässig war. Die Frage, ob und wie sie sich begegnet sind, ist natürlich nicht leicht zu beantworten. Die klassischen Paläontologen sahen keine Indizien dafür, dass beide reproduktiv zusammengekommen sein könnten. Die Genomsequenzen sprechen allerdings eine viel eindeutigere Sprache: Der Neandertaler und der moderne Mensch sind sich sehr wohl begegnet und haben sich mehrfach vermischt, sowohl im Nahen Osten als auch in Europa. Es ist eindeutig, dass die beiden Sex miteinander hatten und Nachkommen gezeugt haben. Die Gene der Neandertaler leben also in uns weiter. Die Ähnlichkeit mit den Europäern und Ostasiaten ist dabei größer als mit den Menschen aus Südafrika.

Ein weiteres Großprojekt war, herauszufinden, welche Gene Neandertaler und Homo sapiens gemeinsam haben. Welche Eigenschaften hat uns der Neandertaler beschert? Erst kürzlich wurde das Neandertaler-Genom mit vielen Genomen heutiger Menschen verglichen – möglich wurde das durch das »1000-Genome-Projekt«. Spannend ist, dass man sehr viele Neandertaler-Gene verstreut in den heutigen Menschen findet. Jeder einzelne Europäer hat ungefähr 2,5 Prozent vom Neandertaler in seinen Genen. Die Frage ist, welche diese sind und welche Eigenschaften damit verbunden sind.

Der »moderne« Europäer, der vor zirka 50 000 Jahren nach Europa kam, war vermutlich schwarzhäutig. Welche Hautfarbe hatte der Neandertaler? War er weißhäutig? Das sind Fragen, die man sich stellen kann, wenn man versteht, welche Eigenschaften durch welche Genvariationen hervorgerufen werden. Man untersucht sie dann beim modernen Menschen und dem Neandertaler. Interessant ist, dass sich in den einzelnen Europäern unterschiedliche Teile des Genoms der Neandertaler befinden. Die Erbschaften der Neandertaler sind also stark verstreut über das ganze Genom der Europäer und dabei sehr unterschiedlich. Das bedeutet, dass Neandertaler und Homo sapiens sich mehrmals, sogar recht oft, gekreuzt haben. Nur in einem Bereich unseres Genoms sind die vom Neandertaler stammenden Genstückchen gehäuft: in Genen, die die Eigenschaften von Haut und Haaren betreffen.

Als der moderne Mensch vor 50 000 Jahren aus Afrika kommend in Europa eintraf, war er an das viel rauere Klima noch nicht angepasst. Der Neandertaler war bereits vor 100 000 Jahren in Europa angekommen, hatte also bereits wesentlich mehr Zeit gehabt, sich zu akklimatisieren. Dass die Häufung der Gene für Haut und Haare so oft im modernen Menschen überlebt hat, spricht dafür, dass es ein Selektionsvorteil war. Vielleicht war der Neandertaler weißhäutig, um genügend Sonne aufnehmen und Vitamin D herstellen zu können. Und er konnte mehr Fett unter der Haut speichern, um sich vor Kälte zu schützen.

Erst im April 2016 ist es gelungen, Teile des Y-Chromosoms eines Neandertaler-Mannes aus El Sidrón in Spanien zu bestimmen, der vor 49 000 Jahren dort lebte. Die Sequenz des Neandertaler-Y-Chromosoms fehlte noch. Das ist besonders aufschlussreich, weil das männliche Y-Chromosom nie einem anderen Y-Chromosom begegnet, um genetisches Material auszutauschen. Alle anderen Chromosomen, auch das X-Chromosom, machen das in jeder Generation. Daher ist das Y-Chromosom eine besondere biologische Uhr, weil nur Variationen, die während der Verdoppelung passieren, dort aufscheinen. Das Ergebnis der Bestimmung des Neandertaler-Y-Chromosoms war, dass es keine Gemeinsamkeiten mit den heutigen modernen Männern hat. Wie ist das zu erklären? Denn die anderen Chromosomen enthalten sehr wohl Neandertaler-Gene.

Die derzeitige Hypothese ist, dass Neandertaler-Männer mit modernen Frauen keine Nachkommen zeugen konnten. Es wurden Mutationen in drei Immungenen im Neandertaler-Y-Chromosom gefunden, von denen eines Antigene erzeugt, die dazu führen können, dass die schwangere Frau den Fetus abstößt. Moderne Frauen waren also vielleicht nicht in der Lage, gesunde Nachkommen mit den Neandertalern zu zeugen. Es ist aber zu früh, dies als allgemeingültig anzuerkennen, denn von einem einzigen spanischen Neandertaler können wir nicht auf alle anderen schließen. Was man aus dieser Sequenz jedoch sehr wohl feststellen kann, ist, dass der letzte gemeinsame Vorfahre der Neandertaler und des modernen Menschen vor zirka 600 000 Jahren gelebt haben muss.

All diese Fragen sind noch nicht eindeutig zu beantworten, weil wir noch viel zu wenig darüber wissen, wie sich einzelne Genvariationen im Menschen auswirken. Die kommenden Jahre werden sehr viele Antworten bringen. Doch wie immer in der Wissenschaft, folgen jeder neuen Erkenntnis noch mehr neue Fragen. Fragen, die noch vor ein paar Jahren niemandem in den Sinn gekommen wären, weil man keine Vorstellung davon hatte, was alles möglich sein würde.

In der Denisova-Höhle im Süden von Sibirien fanden Anthropologen einen kleinen Fingerknochen. **Svante Pääbos** Forschungsgruppe hat dessen Genomsequenz bestimmt. Das Ergebnis brachte eine weitere Überraschung: Dieser Fingerknochen stammt von einem archaischen Hominiden, der einen gemeinsamen Ursprung mit den Neandertalern hat. Seine Gene sind aber nicht Richtung

Eurasien geflossen, sondern Richtung Melanesien, einer Inselgruppe nordöstlich von Australien. Wir finden 4 bis 6 Prozent des genetischen Materials der Denisova-Menschen in der heutigen melanesischen Bevölkerung. Die Denisova-Menschen haben sich vor zirka 800 000 Jahren von den heutigen Afrikanern getrennt und vor 640 000 Jahren von den Neandertalern. Daraus wird klar, dass es mindestens zwei Populationen in Asien gegeben hat, die zur Evolution der heutigen Menschen in unterschiedlichen Regionen beigetragen haben. Wenn in den kommenden Jahren mehr und mehr Genome ausgestorbener Menschenarten bestimmt werden, wird es möglich sein, das Puzzle zu lösen und die menschliche Evolution und Migrationsgeschichte zu bestimmen.

Die Ergebnisse der Sequenzierung des Schimpansen-Genoms haben viele ebenfalls mit besonderer Spannung erwartet. Denn darin steht tatsächlich, was genau den Menschen vom Tier unterscheidet. Das humane Genom mit dem Schimpansen-Genom zu vergleichen, sollte klarmachen, welche evolutionären Ereignisse die beiden Spezies getrennt haben. Vor 5 bis 7 Millionen Jahren fand diese evolutionäre Trennung statt, und die Unterschiede in den beiden Genomen können Antworten auf viele Fragen geben. Es ist aber kein leichtes Unterfangen, weil es doch relativ viele Unterschiede gibt und wir nicht wissen, welche Unterschiede wichtig sind und zu welcher Veränderung führen.

Hier möchte ich betonen, dass wir noch sehr schlecht verstehen und kaum voraussagen können, welche Mutation in welchem Gen zu welcher Veränderung im Stoffwechsel oder im Erscheinungsbild führt. Der Grund dafür ist wiederum die Komplexität der Gene: Wir haben über 20 000 von ihnen. Diese können zu unterschiedlichen Genprodukten führen, unterschiedliche Aktivitäten in unterschiedlichen Zellen haben und mit unterschiedlich vielen anderen Genprodukten interagieren. Jede Zelle ist ein hochgradig komplexes Netzwerk von Molekülen. Oft ist eine Kombination von unterschiedlichen SNPs notwendig, um überhaupt eine Merkmaländerung hervorzurufen.

Der Unterschied in den Gensequenzen zwischen Mensch und Schimpanse ist überraschend klein. In den proteinkodierenden Genen beträgt der Unterschied nur etwa 1 Prozent, ein Drittel unserer Proteine ist identisch, die meisten Proteine sind ein paar Hundert Aminosäuren lang, und im Schnitt gibt es ein bis zwei Aminosäuren, die unterschiedlich sind. Im Gegensatz dazu liegen die Unterschiede in den nicht-kodierenden Regionen (immerhin machen diese 98 Prozent des Genoms aus) bei etwa 4 Prozent. Es gibt 35 Millionen Punktmutationen und 90 Millionen Basen an Deletionen oder Insertionen, die Mensch und Schimpanse unterscheiden. Der Unterschied zwischen Schimpanse und Mensch ist daher eher in der Genaktivität und deren Regulierung zu suchen oder in den nicht-kodierenden RNAs als in den altbekannten Proteinen selbst. Da wir noch zu wenig über die Funktion dieser nicht-kodierenden Gene wissen, können wir nur wenig darüber aussagen, was diese Unterschiede bedeuten.

Es gibt lange Listen von Untersuchungen über die Unterschiede zwischen Schimpanse und Mensch; die Frage ist aber, welche Unterschiede besonders wichtig für unser Erscheinungsbild und unsere Fähigkeiten sind. Unterschiede, die besonders hervorstechen, sind die Hilflosigkeit des Neugeborenen, die Dauer der Jugend, das Alter der Reproduktionsfähigkeit und die Lebensdauer. Dann die Entwicklung des Gehirns, die Fähigkeit zu sprechen, die motorischen Fähigkeiten, der verminderte Geruchssinn des Menschen, die Erkenntnis des »Ichs« und vieles mehr. Wir wissen aber noch nicht, welche Gene für die einzelnen Fähigkeiten verantwortlich sind. Es sind ja meistens nicht einzelne Gene, sondern Kombinationen von Genen – das macht diese Studien so komplex. Eine interessante Beobachtung ist, dass der Mensch im Laufe der Evolution Gene verloren hat. Das weiß man, weil der Schimpanse etliche Gene hat, die der Mensch nicht hat – wir aber noch Rückstände dieser Gene beim Menschen finden. Andererseits hat der Mensch auch Gene, die der Schimpanse nicht mehr hat. Unsere gemeinsamen Vorfahren, die vor 5 bis 7 Millionen Jahren lebten, hatten diese Gene noch. Das Baculum, auch als Penisknochen bekannt, ist so ein Unterschied. Viele Säugetiere besitzen einen kleinen Penisknochen, der besonders bei langer Kopulationsdauer hilfreich ist. Der Homo sapiens hat in seiner Evolution diesen Knochen verloren. Warum? Mit dieser Frage hat sich der Evolutionsbiologe **Richard Dawkins** beschäftigt, der meinte, dass jene Spezies, die ein Baculum haben, selten kopulieren, dafür aber länger. Beim Menschen kommt es öfters zu kurzen Kopulationen, was notwendig ist, weil man äußerlich nicht erkennen kann, wann die Frau empfänglich ist.

Das Problem in diesem Forschungsbereich ist, dass wir viel zu wenig über die Merkmale des Schimpansen wissen, um schlüssige Vergleiche anstellen zu können. Das Interessante ist, dass der Unterschied in den Sequenzdaten steckt, wir aber nicht in der Lage sind, diese zu erkennen. Das ist ein heikles Gebiet, weil wir hier schnell an ethische Grenzen stoßen. Wir können nicht einfach genetische Experimente mit Schimpansen machen, so wie mit Fliegen und Pilzen. Da ist es sogar einfacher, mit Menschen wissenschaftlich zu arbeiten, weil Kranke einfach zum Arzt kommen.

Alle höheren Lebewesen haben etwas gemeinsam: Zusätzlich zu ihren Chromosomen im Zellkern verfügen sie über ein weiteres kleines extrachromosomales Genom: die mitochondriale DNA. Mitochondrien sind kleine Organellen, die für die Zellatmung und die Bereitstellung der Energie zuständig sind. Über Mitochondrien gibt es zwei Dinge, die besonders wissenswert sind: Sie werden bei Säugetieren nur mütterlicherseits vererbt und stammen, gemäß der endosymbionten Theorie, von Purpurbakterien ab, die sich vor ungefähr zwei Milliarden Jahren in eine andere Zelle eingeschleust haben und dort eine sehr erfolgreiche Symbiose eingegangen sind.

Die Tatsache, dass Mitochondrien nur mütterlicherseits vererbt werden, ist sehr wichtig für die Analyse der Geschichte der menschlichen Evolution. In einem diploiden Organismus wie dem des Menschen gibt es von allen Genen zwei Kopien (mit Ausnahme der Gene auf den Geschlechtschromosomen X und Y beim Mann). Wenn Keimzellen heranreifen und eine meiotische Teilung ihrer Chromosomen durchführen, werden die Chromosomen von Vater und Mutter ganz ordentlich durchgemischt. Diesen Prozess nennen wir Rekombination. Diese Durchmischung ist für den Erfolg der sexuellen Vermehrung verantwortlich, weil dadurch sehr viel mehr Kombinationen von Genvariationen entstehen. Das ist für die Evolution von großem Vorteil, weil eine hohe Diversität die Überlebenswahrscheinlichkeit bei sich ständig ändernden Bedingungen begünstigt. Daher evolvieren diese »Autosomen« (so werden die Nicht-Geschlechtschromosomen genannt) weniger linear als das Y-Chromosom und die mitochondriale DNA.

Weil die Mitochondrien nur in den mütterlichen Eizellen, aber nicht in den väterlichen Spermien zu finden sind, begegnen sie nie anderen Mitochondrien, um sich durchzumischen. Auch das Y-Chromosom begegnet nie einem zweiten Y-Chromosom. Die Mutationsrate der mitochondrialen DNA und des Y-Chromosoms entspricht daher in etwa der Fehlerrate bei der Vermehrung und dient als sogenannte molekulare Uhr. Diese molekulare Uhr ist natürlich nur eine Annäherung, aber trotzdem sehr hilfreich. Sie zeigt an, dass die mitochondriale DNA 2 bis 4 Prozent Veränderung pro Million Jahre unterworfen ist. Wenn man die mitochondriale DNA von Menschen auf der ganzen Welt vergleicht, ergibt sich ein Unterschied von nur 0,57 Prozent. Das wiederum bedeutet, dass vor ungefähr 99 000 bis 148 000 Jahren eine Frau gelebt hat, von der wir alle abstammen. Die mitochondriale Eva.

Als **Svante Pääbo** Ende der 90er-Jahre die mitochondriale DNA des Neandertalers bestimmt hat, fand er wesentlich mehr Veränderungen als unter allen heute lebenden Menschen. Das bedeutet, dass seine mitochondriale DNA nicht von der mitochondrialen Eva abstammt, sondern dass der gemeinsame Vorfahre von Mensch und Neandertaler wesentlich älter sein muss. Die gemeinsame mitochondriale Eva der Menschen und der Neandertaler hat vor etwa 500 000 Jahren gelebt.

Diese Berechnungen stimmen ziemlich genau mit anderen Versuchen überein, die besagen, dass der moderne Mensch vor etwa 100 000 bis 200 000 Jahren in Afrika entstanden ist, dann ausgewandert ist und sich in der ganzen Welt verbreitet hat. Dieselben Berechnungen können wir dann auch mit dem Y-Chromosom anstellen, weil dieses sich ebenfalls nicht mit anderen durchmischt. Genau das wurde auch getan – mit dem Ergebnis, dass der Adam des Y-Chromosoms vor 120 000 bis 156 000 Jahren gelebt haben soll.

Den Genomforschern gehen die spannenden Projektideen nicht aus. Der Fantasie sind keine Grenzen gesetzt. Zum Schluss dieses Kapitels möchte ich ein letztes Projekt vorstellen: Viele Menschen haben ein Bakterium namens Helicobacter pylori im Magen. Dieses kann mehr oder weniger schwere Magenprobleme hervorrufen. Aber neben der Krankheit gibt es einen sehr spannenden Aspekt bei diesem Magenbakterium: Der Mensch ist schon sehr lange damit infiziert, bereits bevor unsere Vorfahren aus Afrika ausgewandert sind. Und dieses Bakterium migriert mit den Menschen, sodass es dieselben Migrationsmuster aufweist wie der Mensch selbst. Man kann also nicht nur die Genome der Menschen miteinander vergleichen, sondern auch die Genome der Bakterien, die mit den Menschen wandern.

So wurde kürzlich dieses Bakterium aus dem Magen des »Ötzi« isoliert. Das ist jener Mann, dessen Leiche als Gletschermumie vor 25 Jahren gut konserviert im Eis an der Grenze zwischen Italien und Österreich gefunden wurde. Ötzi hat vor 5300 Jahren gelebt und sein Fund war natürlich eine Sensation – vor allem für unsere Genomforscher. Erstens brannten sie darauf, zu wissen, wer er war, wo er herstammte und mit wem er verwandt war. Nicht nur das: Sie fanden auch heraus, was er gegessen hat. Anfang 2016 erschien eine Arbeit, die über die Sequenz des Helicobacter pylori aus dem Magen des Ötzi berichtete. Die Sequenz des Bakteriums aus dem Ötzimagen wurde mit der Sequenz von Bakterien aus den Mägen von heutigen Menschen aus der ganzen Welt verglichen, um herauszufinden, mit welchen Bakterien das Ötzibakterium am nächsten verwandt war. Die Antwort war überraschend: mit denen aus Asien! Das bedeutet, dass Einwanderer aus Asien für die Besiedlung Europas eine bedeutende Rolle gespielt haben und dass der Helicobacter-pylori-Stamm, den die Europäer heute vorwiegend im Magen haben, erst lange nach Ötzis Zeit aus Afrika eingeschleust wurde. Die Besiedlung Europas ist eine komplexe Geschichte – und das hat sich bis heute nicht geändert.

Was wir aus allen diesen Geschichten lernen? Hier möchte ich wieder **Svante Pääbo** zitieren: Wir sind alle Afrikaner! Wir sind erst vor nicht allzu langer Zeit aus Afrika ausgewandert. Wenn wir die Genome aller Menschen, die heute auf der Erde leben, vergleichen, kommen wir zu einem eindeutigen Ergebnis: Wir können keine 100-prozentige Trennung unserer Genomsequenzen machen, weil die Menschen sich alle vermischt haben. Wir haben uns immer durchmischt. Und wir tun es heute mehr denn je.

....

KAPITEL 7

DAS EPIGENOM, EIN MANIFEST DES ICHS

Bienenköniginnen, Wundermittel, stabile und instabile
Veränderungen, kurze und lange Moleküle, sündige Väter
und zum Glück ein Kurzzeitgedächtnis.

Das Genom ist die stabile, dauerhafte Form der Erbinformation, das stabile Grundkapital. Es ändert sich nur sehr langsam – Schimpansen und Menschen hatten vor 5 bis 7 Millionen Jahren den gleichen Vorfahren, und bis heute unterscheiden sie sich nur in zirka 1 bis 4 Prozent der genomischen Sequenz. Der Mensch hat heute noch viele Gene mit dem Schimpansen gemeinsam. Die Veränderung der Gene ist demnach ein sehr langsamer Prozess.

Wie ist es aber dann möglich, dass der Mensch sich so schnell an neue Lebensbedingungen anpassen konnte?

Als ich vor bald vierzig Jahren meinen Beruf als Wissenschaftlerin begonnen habe, gab es ein Thema, das mich ganz besonders interessierte: die Entwicklung der Bienenkönigin. Wieso sieht eine Bienenarbeiterin, welche die gleichen Gene wie die Königin hat, so anders aus als die Königin? Die Königin bringt noch dazu wieder Arbeiterinnen auf die Welt, die wie Arbeiterinnen aussehen, nicht wie sie selbst. Ich dachte damals, dass das ein Forschungsthema sei, in dem wirklich wichtige neue Erkenntnisse zu gewinnen wären. Aber mir war auch bewusst, dass die Zeit dafür noch nicht reif war. Dass man viel mehr über die Dinge, die dieser Frage zugrunde liegen, wissen müsste, um eine Chance zu haben, sie zu bearbeiten.

Tatsächlich dauerte es viele Jahre, bis dieses Forschungsgebiet Anfang des neuen Jahrtausends den notwendigen Schwung bekam, um solch komplexe Fragen zu untersuchen. Dieses neue Forschungsgebiet ist die Epigenetik. Das griechische Wort »epí« bedeutet »darüber« und weist darauf hin, dass die Epigenetik auf der Genetik aufbaut. Die Epigenetik schreibt eine weitere Ebene an Informationen auf unsere stabile DNA-Sequenz, quasi oben drauf. Diese Information kann – muss aber nicht – weitervererbt werden. Die Epigenetik füllt die Genetik mit Variabilität und bewirkt, dass die Genetik ein sehr dynamisches System wird.

Besonders leicht erklärbar ist die Epigenetik am Beispiel von eineiigen Zwillingen: Sie haben identische Genome. Am Anfang ihres Lebens sind sie nicht nur genetisch ident, sondern auch epigenetisch sehr ähnlich. Je älter sie werden und je unterschiedlicher sie leben, desto stärker ändern sich ihre Epigenome. Ihr Genom aber ändert sich nicht.

Am Beispiel der Bienenkönigin und der Arbeiterinnen wird klar, wie wichtig unsere Umwelt und unsere Ernährung für unsere Gesundheit, unser Aussehen und unsere Entwicklung sein können (was sowieso jedem klar sein sollte). Denn die Bienenkönigin bekommt ein besonderes Nahrungsmittel: das Gelée royale. Bienenlarven, Arbeiterinnen und die Bienenkönigin haben dieselbe DNA, also dieselben Gene – doch sie haben ein vollkommen anderes Erscheinungsbild. Die Bienenkönigin ist viel größer als die Arbeiterinnen und hat ordentlich entwickelte Geschlechtsorgane. Die Arbeiterinnen sind viel kleiner und steril, können also keine Nachkommen zeugen. Die Arbeiterinnen sind sehr aktiv und fleißig, fliegen herum und besorgen Nahrung für den ganzen Bienenstock. Die Königin hingegen kann bis zu 2000 Eier an einem Tag legen, lebt wesentlich länger als die Arbeiterinnen und verlässt den Bienenstock so gut wie nie.

Wie dieser große physiologische und Verhaltensunterschied zustande kommt? Allein durch die Ernährung während der Larvenzeit. Die Larve, die sich zur Königin entwickelt, ernährt sich die ganze Entwicklungszeit hindurch von Gelée royale, während es die Arbeiterinnen nur ganz am Anfang bekommen. Das Gelée royale besteht zu 67 Prozent aus Wasser, 12,5 Prozent Eiweiß, aus kleinen Molekülen wie Aminosäuren, 11 Prozent einfache Zucker, 5 Prozent Fettsäuren, Spurenelementen, Enzymen, Antibakteriziden und Antibiotika, Vitaminen. Also nichts Aufregendes. Doch, eines der Eiweißmoleküle, das Royalactin, bewirkt diese spezielle Entwicklung der Königin. Das Royalactin bewirkt auch bei Fruchtfliegen, dass sie größer werden und dass sich die Eierstöcke schneller entwickeln.

Es ist noch nicht ganz geklärt, was Royalactin genau anstellt, aber es verursacht eine epigenetische Veränderung in den Zellen der Bienenkönigin. Es verhindert, dass einige Gene epigenetisch stillgelegt werden. Bei den Arbeiterinnen werden Wachstum und Entwicklung der Eierstöcke epigenetisch gehemmt. Bei der Königin nicht. Die epigenetische Stilllegung von vielen Genen wird durch eine Modifikation der DNA hervorgerufen, die DNA-Methylierung: Vor den Genen gibt es eine Region, die Promotor genannt wird und als Ein- und Ausschalter der Gene benutzt wird. Bei vielen Genen ist diese Region reich an Cytosin-Guanosin, CpG. Wenn diese CpG-Sequenzen gehäuft vorkommen, nennt man sie CpG-Inseln. Das Cytosin des CpG kann von speziellen Enzymen eine Methylgruppe (CH_3) angehängt bekommen, dann nennt man die DNA methyliert. Das ist eine der wichtigsten epigenetischen Modifikationen (siehe Abbildung 9).

Wenn frisch geschlüpfte Larven so behandelt werden, dass das Enzym, welches die DNA methyliert, gehemmt wird, dann entwickeln sie sich so, als hätten sie Gelée royale bekommen: Die meisten Bienen, die mit geringer DNA-Methylierung aufwachsen, entwickeln sich als Königinnen mit voll ausgereiften Eierstöcken. Das ist eine sehr wichtige Erkenntnis, denn es zeigt, dass bei den Arbeiterinnen die Entwicklung zur vollen Reife verhindert wird und dass Ernährung die epigenetische Steuerung der Gene ändern kann. Der Mechanismus dieser epigenetischen Entwicklung durch

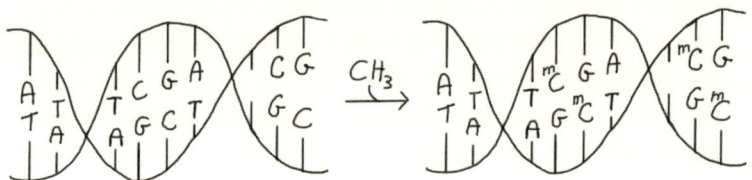

Abbildung 9:
Methylierung der DNA an CpG-Inseln führt meistens zur Stilllegung des dahinterliegenden Gens. An das Cytosin wird durch spezielle Enzyme eine Methylgruppe angehängt (CH$_3$), dabei entsteht Methylcytosin (^{m}C).

das Gelée royale wird noch sehr kontrovers diskutiert. In ein paar Jahren werden wir es hoffentlich genau wissen. Das Thema bleibt sehr spannend.

Seit zwei Jahren versuche ich mich als Bienenzüchterin, jedoch nicht mit Honigbienen, sondern mit Solitärbienen. Diese sollen für viel Obst auf den Bäumen sorgen und nicht für Honig. Es ist faszinierend, wie anders diese doch so ähnlichen Tiere sich sozial verhalten: Bei der Solitärbiene entwickelt sich jede weibliche Biene, falls sie nicht vorher gefressen wird, zur brutfähigen Biene und bekommt im Schnitt zehn bis vierzig Nachkommen, männliche wie weibliche. Solitärbienen leben nicht in einem Schwarm, sondern jede Biene legt ihre Eier in ein eigenes Nest ab. Und alle Weibchen arbeiten. Sie machen also beides: Sie haben Nachkommen *und* arbeiten.

Der Mensch hat über 23 000 Gene in seinem Genom, aber viele von diesen Genen werden nicht ständig gebraucht und daher stillgelegt. Am Beginn des Lebens, im Embryo oder in den Stammzellen, die sich zu einem Menschen entwickeln können, werden die epigenetischen Marker gelöscht und dann im Laufe der Entwicklung, wenn die einzelnen Zellen unterschiedliche Aufgaben bekommen, wieder angelegt. Wichtig ist, dass bei der Zellteilung die Tochterzelle der Mutterzelle epigenetisch ähnelt und nicht jedes Mal einen Embryo darstellt. Das bedeutet, dass die Aktivität der Gene der Mutterzelle in der Tochterzelle erhalten bleibt. Die Frage ist, wie diese Gene stillgelegt werden und wie diese Information bei der Zellteilung an die nächste Zelle weitergegeben wird. Das ist die Grundidee der Epigenetik. Man kann das auch als bestimmtes Gedächtnis der Zelle deuten, die nicht in der DNA-Sequenz festgehalten wird. Die Tochterzelle hat die epigenetische Information, welche Gene in der Mutter aktiv oder stillgelegt waren.

Es war lange unklar, wie diese Regulierung von der Zelle bewerkstelligt wird. Warum ist nicht jede neue Zelle ein Embryo? Der große Durchbruch kam mit der Entdeckung der chemischen Methylierung an der DNA und der chemischen Modifizierung von

Histonproteinen, welche die DNA umwickeln. Diese beiden Modifizierungen bewirken, dass weitere Proteine unterschiedlich an die DNA binden, sodass die Information nicht mehr abgelesen werden kann. Diese epigenetisch modifizierten Gene können dann nicht mehr eingeschaltet werden, ohne dass diese Modifizierungen wieder entfernt werden. Sehr wichtig ist, dass diese Modifizierungen dynamisch sind, also wieder gelöscht werden können. Sie können durch spezielle Enzyme wieder entfernt werden. Das ist der große Unterschied zur Genetik.

Es stellt sich gleich die Frage, wie diese epigenetische Information bei der Zellteilung weitervererbt wird und warum sie nicht verloren geht. Denn bei der Zellteilung wird die DNA verdoppelt, und dabei wird nur die DNA-Sequenz abgeschrieben und die epigenetischen Modifizierungen müssten eigentlich verloren gehen, weil sie nicht Teil der DNA-Sequenz sind. Damit sie trotzdem erhalten bleiben können, müssen sie gleich nach der DNA-Verdoppelung wieder angelegt werden. Deswegen sind epigenetische Veränderungen instabil. Das ist der Hauptunterschied zur Genetik: Genetische Mutationen werden stabil weitervererbt, epigenetische Veränderungen in Form von DNA-Modifizierungen müssen nach jeder Zellteilung nachgemacht werden, sonst verschwindet das epigenetische Merkmal.

Außer den Modifizierungen an der DNA und an den Histonproteinen, die bei Bedarf angelegt werden, steht noch ein anderes Molekül im Verdacht, bei epigenetischen Phänomenen eine Rolle zu spielen: kurze und lange RNA-Moleküle. Kurze RNA-Moleküle sind wichtige Informationstransporter in der Zelle, um Gene stillzuhalten, die von Viren stammen, die unser Genom einmal befallen haben. Diese viralen Sequenzen stammen von RNA-Viren wie Retroviren und haben sich im Laufe der Evolution in das menschliche Genom eingenistet. Diese und andere schädliche Sequenzen, die »Retrotransposons«, machen einen Großteil unseres Genoms aus und müssen ruhiggestellt werden, damit sie keinen Schaden anrichten können – vor allem in der Keimbahn. Dafür sorgen

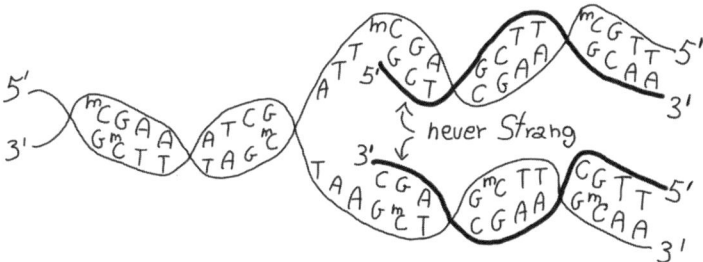

Abbildung 10:

Modifizierte DNA bei der Verdoppelung. Während der Verdoppelung des DNA-Stranges wird die Base abgeschrieben, aber nicht unbedingt die epigenetische Markierung. In diesem Fall ist es die Methylierung am Cytosin. Der neue Doppelstrang besteht aus einem alten, methylierten und einem neuen, nicht-methylierten Strang. Die DNA ist kurz nach der Verdoppelung hemimethyliert. Die epigenetische Markierung muss neu angelegt werden, damit die Information nicht verloren geht.

kleine microRNAs, die »piRNAs« genannt werden. Zusätzlich erzeugen die Regionen, die epigenetisch reguliert sind, meistens (wenn nicht immer) sehr lange RNA-Moleküle, die wir macro-RNAs nennen. Die genaue Funktion dieser langen RNAs ist noch unklar, aber sicher ist, dass sie notwendig sind, um epigenetisch regulierte Regionen stillzuhalten.

Epigenetische Markierungen gemeinsam mit den kurzen und langen RNA-Molekülen kann man als regulatorisches Netzwerk sehen, das eine sich ständig wechselnde Genaktivität möglich macht. Es ist eine weitere komplexe Ebene, die auf dynamische Weise Flexibilität und Anpassung ermöglicht. Diese Ebene muss man als eine Art Verteidigung sehen, welche die Zellen entwickelt haben, um sich einerseits gegen Viren zu wehren und andererseits auf Stress reagieren zu können.

Es ist mittlerweile geklärt, wie epigenetische Markierungen während der Zellteilung erhalten bleiben: Sie werden einfach nachgemacht. Offen und noch nicht ganz geklärt ist die Frage, ob und wie epigenetische Informationen von Eltern auf Kinder weitervererbt werden können. Damit das möglich ist, muss diese epigenetische Information in die Keimbahn gelangen, in Eizellen und Spermien, und dann auch noch im Embryo erhalten bleiben und weitergegeben werden. Es wurde beobachtet, dass bei der Erzeugung von Keimzellen und im Embryo epigenetische Markierungen großteils gelöscht werden. Deswegen ist es bis heute nicht klar, ob epigenetische Marker überhaupt von einer Generation auf die nächste weitergegeben werden.

Epigenetische Vererbung über Generationen ist definiert als die Vererbung von Merkmalen von Eltern auf Kinder, ohne dass sich die DNA-Sequenz ändert. Dann haben Individuen trotz gleicher genetischer Informationen andere Merkmale. Bis das geklärt ist, müssen noch viele Beobachtungen gesammelt werden, etwa ob es überhaupt möglich ist, dass epigenetische Informationen durch die Keimbahn auf die nächste Generation weitergegeben werden. Ein wesentlich schwierigeres Problem ist, herauszufinden, wie diese

Informationen gespeichert und der nächsten Generation weitergegeben werden können. Denn im erwachsenen Organismus gibt es sehr viele verschiedene Zellen, die alle unterschiedlich epigenetisch markiert sind – aber die Keimzelle ist ja nur eine Zelle. Zur ersten Frage mehren sich derzeit Berichte von Beobachtungen, dass die Lebensgewohnheiten der Eltern sich auf Kinder auswirken, obwohl keine genetische Mutation vorliegt. Diese Beobachtungen müssen aber wirklich klar und wiederholbar gemacht werden, bevor wir dieses neue Wissen als solide ansehen können.

Schlagzeilen wie »Fettreiche Ernährung der Eltern hat fatale Folgen für Kinder« sind immer häufiger zu finden. Oder: »Die Sünden der Väter haben Folgen für ihre Kinder«. Oder: »Wofür du deinem Vater danken sollst«. Im Prinzip wissen wir schon lange, dass falsche Ernährung und Bewegungsmangel, zwei typische Verhaltensformen unserer modernen Zeit, schlecht für unsere Gesundheit sind. Auch dass die Fettsucht fast epidemische Ausmaße annimmt. Das kann nicht rein genetisch sein, denn so schnell ändern sich Gene nicht. Neu auf diesem Gebiet ist jedoch eine steigende Anzahl von Studien, die darauf hindeutet, dass unser Verhalten sich auf die Aktivität der Gene unserer Kinder niederschlägt. Das bedeutet zum Beispiel, dass Kinder von adipösen Eltern eine wesentlich höhere Wahrscheinlichkeit haben, ebenfalls übergewichtig zu werden. Dass die Ernährung der Mutter während der Schwangerschaft wichtig ist, leuchtet auch jedem ein, aber neu ist, dass die Ernährungsgewohnheiten der Väter sich ebenso auf die Kinder niederschlagen können. Es mehren sich die Meldungen, dass die Gewohnheiten und Stresserlebnisse über Spermien epigenetisch weitergegeben werden könnten. Veranlagung für Übergewicht, Insulinresistenz und Typ-2-Diabetes können zu epigenetischen Veränderungen im Genom der Eltern führen und anscheinend auf die Kinder weitergegeben werden.

Hatte **Jean-Baptiste de Lamarck** nun doch recht? Der französische Biologe verfolgte die Idee, dass Organismen im Laufe ihres Lebens neue Merkmale erwerben und sie auf die kommenden

Generationen weitervererben können. Lamarck hatte nicht ganz unrecht, weil er sich als Botaniker intensiv mit Pflanzen beschäftigte; und Pflanzen können das ohne Weiteres, weil ihre Keimzellen sich aus somatischen Zellen entwickeln können. Jeder weiß, dass man Pflanzen durch Stecklinge vermehren kann, ohne dass man dafür die Keimbahn verwenden muss. Für den Menschen und für Tiere gilt das aber nicht.

Ein weiterer Vertreter dieser Theorie war Trofim Lyssenko, der zu Zeiten der Sowjetunion unter Stalin standfest die Meinung verbreitete, dass bei Pflanzen neue umweltbedingte Eigenschaften an die Nachkommen vererbt werden können. Er wollte auf diese Weise sehr ertragreiche neue Sorten züchten. Die klassischen Theorien der Genetik wurden daraufhin in der Sowjetunion verworfen und viele Wissenschaftler, die anderer Meinung waren, verfolgt. Lyssenkos Agrarreform hatte katastrophale Folgen für die sowjetische Agrarwirtschaft – Missernten und Hungersnot. Das ist eines der sehr traurigen Beispiele für den Missbrauch wissenschaftlicher Lehren. Lyssenkos Arbeiten gelten heute teilweise als gefälscht.

Wenn wir epigenetische Markierungen während der Entwicklung von Organismen genau untersuchen, fällt auf, dass die Organismen zwei Mal großen Aufwand betreiben, um diese Markierungen zu löschen: einmal im Embryo und einmal in der Keimbahn. Man könnte dies so interpretieren, dass es eben ungünstig wäre, wenn die negativen Erlebnisse und Gewohnheiten der Eltern auf die Kinder übertragen würden. Es wurde bis heute nicht klar gezeigt, dass neu erworbene epigenetische Markierungen über Generationen weitergegeben werden, ohne dass der ursprüngliche Auslöser des Merkmals vorhanden bleibt. Es wird sehr intensiv daran gearbeitet, solche Phänomene zu untersuchen, vor allem mit Mäusen.

Es gibt einige Fälle, von denen man weiß, dass solche epigenetischen Marker die Radierungen in der Keimbahn und im Embryo überleben. Das sind aber keine neu erworbenen, durch die Umwelt bedingten Merkmale. Es ist jedoch von großer Bedeutung, diese Mechanismen zu untersuchen. Wir müssen noch mehr solche

Berichte über diese Vererbung von epigenetischen Merkmalen abwarten und versuchen, sie zu verstehen. Dieses Thema ist zu wichtig für die weitere Entwicklung der Menschheit.

Wozu ist dann die Epigenetik gut? Wir haben gesehen, dass stabile genetische Mutationen an der DNA sehr langsam passieren. Diese genetische Stabilität ist von Nachteil, wenn es notwendig ist, sich schnell an veränderte Umweltbedingungen anzupassen. Wenn Lebewesen migrieren oder das Klima sich ändert, müssen Organismen – Pflanzen wie Tiere – sich oft viel schneller akklimatisieren, als genetische Anpassung möglich ist. Hier kommt die Epigenetik ins Spiel: Die Aktivierung oder Deaktivierung von Genen kann epigenetisch schnell gehen. Bleibt der umweltbedingte Stress erhalten, kann diese epigenetische Anpassung das Überleben ermöglichen, bis die rettende genetische Mutation stattfindet. Die Epigenetik hat sehr viele regulatorische Funktionen – man sollte aber um sie herum keine Mythen aufbauen, sondern abwarten, bis mehr Wissen vorhanden und dieses neue Wissen gesichert ist. Die Epigenetik ist wichtig für die Evolution, denn sie ist ihr eine große Stütze.

Als der Homo sapiens vor zirka 100 000 Jahren aus Afrika kommend in Europa angelangte, hatte er mit ziemlicher Sicherheit eine dunkle Hautfarbe, um sich vor der starken Sonnenstrahlung zu schützen (siehe Kapitel 6). Für das europäische Klima mit weniger Sonne und tieferen Temperaturen war er nicht gerüstet. Was musste geschehen, damit er sich anpassen konnte? Er hätte beginnen können, mehr Fett unter der Haut zu speichern und weniger Melanin zu produzieren. Wenn nun eine Mutation passiert, die diese Fettanreicherung erleichtert oder das Melanin etwas heller werden lässt, dann wird sich diese sicherlich durchsetzen. Oder – was anscheinend der Fall war: Er hat sich mit dem Neandertaler gekreuzt, der schon länger adaptiert war und eine helle Haut hatte. Wir Europäer haben viele Genregionen vom Neandertaler behalten, die für Haut und Haare wichtig sind. Diese Veränderungen sind natürlich stabile genetische Veränderungen. Aber bis diese langwierigen Mutationen und Rekombinationen passieren, hilft in der Zwischenzeit die Epigenetik.

Was immer bei diesen Forschungen herauskommen wird: Wir müssen damit rechnen, dass sich unsere Erlebnisse und Lebensgewohnheiten auf die Epigenetik unserer Kinder niederschlagen werden.

Diese Berichte sind beunruhigend und machen ordentlich Druck auf Eltern, Verantwortung für ihre Kinder bereits lange vor der aktuellen Elternschaft zu übernehmen. Schlechte Gewohnheiten sind womöglich vererbbar, eben nicht nur durch schlechte Vorbilder, sondern auch epigenetisch. Gene haben ein Gedächtnis und passen sich schnell an. Trotzdem besteht kein Grund zur Panik: Epigenetische Veränderungen sind reversibel und instabil. In Versuchen an Mäusen wurde herausgefunden, dass diese Marker in der dritten und vierten Generation nicht mehr zu finden waren, wenn der ursprüngliche Stressauslöser ausblieb.

Epigenetik ist eben auch das: ein Kurzzeitgedächtnis.

KAPITEL 8

DAS ENDE DER GENETISCHEN KRANKHEITEN

Gedächtnis, Immunsystem, eine Methode mit einem entsetzlichen Namen, die größte Erfindung des Jahrhunderts, Mikroschweine, Moral, Ethik und ungeahnte Möglichkeiten.

Die meisten Menschen sind gegen Gentechnik. Das ist ihr gutes Recht. Ich denke jedoch, dass die wenigsten diese Entscheidung aufgrund von Argumenten gefällt haben. Sondern eher aus Faulheit und Bequemlichkeit, sich zu informieren. Aus einer Art Reflex heraus vielleicht. Ich wünsche mir, dass niemand mehr zur Ausrede haben kann, dass es ihm zu mühsam war, alles über Gentechnik nachzulesen. Auf den folgenden Seiten werden viele wichtige Details geklärt, sodass jeder, der sie gelesen hat, weiß, was ein Gen und was Gentechnik ist. Jeder, der das Verfahren und das Potenzial verstanden hat, darf dann, von Argumenten gestützt, gegen die Gentechnik sein.

Viren, die Bakterien befallen, heißen Phagen. Die meisten Phagen erinnern an eine Mondkapsel: Sie landen auf der Oberfläche von Bakterienzellen und injizieren ihre DNA in die Bakterienzelle. Meistens führt das dazu, dass der Phage den Stoffwechsel der Bakterien so verändert, dass sie nur noch machen, was der Phage braucht, um sich hundert- bis tausendfach zu vermehren. Bis sich die Bakterienzelle auflöst. Oder der Phage nistet sich in das Chromosom des Bakteriums ein, wartet auf bessere (oder schlechtere) Zeiten und verhält sich still.

Manchmal gelingt es einigen wenigen Bakterien, sich zu wehren, und sie erinnern sich dann an den Phagen, sodass er gleich vernichtet wird, wenn er das nächste Mal die Zelle befallen will. Das heißt: Die Bakterienzelle hat ein Gedächtnis (wer hätte das gedacht?) und ein Immunsystem. Bis vor Kurzem war die Lehrmeinung, dass einfache Organismen wie Bakterien weder das eine noch das andere haben. So schnell kann sich eine allgemein anerkannte Meinung ändern.

Warum das relevant ist, wenn es darum geht, dass der Mensch seine eigene Evolution in die Hand nimmt? Weil wir uns von diesen Bakterien abgeschaut haben, wie sie das bewerkstelligen, und ihre Technik verwenden können, um Genome anderer Organismen – inklusive unsere eigenen Genome – zu verändern. Gerade so, wie es uns gefällt! Das ist (bis jetzt natürlich) die aufregendste Erfindung des 21. Jahrhunderts.

Diese Erfindung hat den entsetzlichen Namen CRISPR (kurz für Clustered Regularly Interspaced Short Palindromic Repeats). Entdeckt wurden zuerst die kurzen, sich wiederholenden Palindrome, die öfter hintereinander in bakteriellen Genomen vorkommen – ohne dass man wusste, was sie bedeuten. Zwischen diesen Repeats waren zuerst unbekannte Sequenzen, die sehr divers sind. Bis man entdeckte, dass diese variablen Sequenzen zwischen den sich wiederholenden fixen Sequenzen von Phagen stammen. Bakterien bauen DNA-Stücke von den Phagen, die sie befallen, in ihr eigenes Genom ein. Das ist das Gedächtnis. Das ist der erste Schritt. Wenn das Bakterium schnell genug ist, schneidet es, bevor es vom Phagen zerstört wird, die DNA vom Phagen und setzt dieses Stück ganz exakt zwischen die Repeats – nicht irgendwohin, sondern genau dorthin. Manche Bakterien haben eine ganze Palette solcher Sequenzen, was bedeutet, dass ihre Vorfahren bereits von vielen Phagen infiziert wurden und es überlebt haben. Und das wird weitervererbt.

Das ist besonders genial: dass dieses »Gedächtnis« weitervererbt wird. Wenn eine Bakterienzelle es geschafft hat, ein Stück

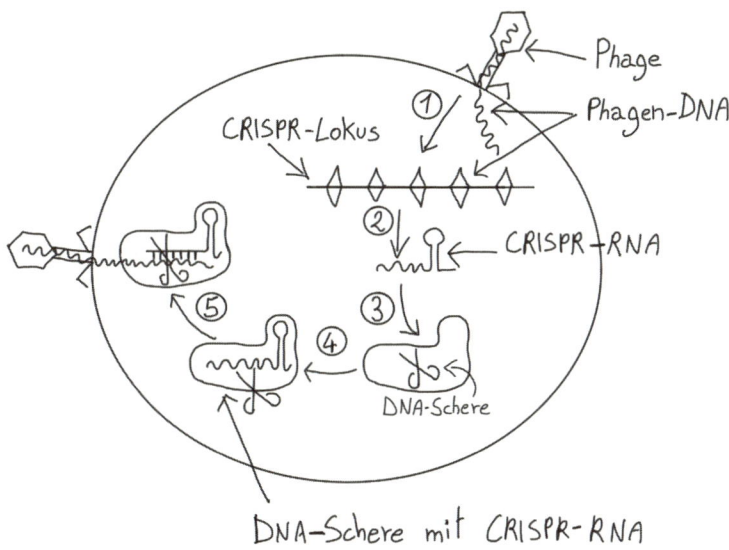

Phage

Phagen-DNA

CRISPR-Lokus

CRISPR-RNA

DNA-Schere

DNA-Schere mit CRISPR-RNA

Abbildung 11:

1) Ein Phage landet auf der Oberfläche eines Bakteriums und injiziert seine DNA in die Bakterienzelle.

2) Wenn das Bakterium nicht daran zugrunde geht, schneidet es die Phagen-DNA und fügt ein Stückchen davon zwischen die Repeats ein. Auf dem Bild ist eine ganze Palette solcher viraler Sequenzen bereits vorhanden.

3) Von diesem CRISPR-Lokus wird eine RNA abgeschrieben, welche ein Stück Phagensequenz und ein Repeat hat: Diese RNA wird CRISPR-RNA genannt.

4) Diese RNA bindet dann an spezielle Proteine, welche DNA schneiden können.

5) Die CRISPR-RNA bestimmt, an welche DNA dieser RNA-Proteinkomplex binden und welche er schneiden wird: die Phagen-DNA.

Phagen-DNA in ihr Genom zwischen die Repeats einzufügen, wird sie immun gegen den Phagen, und auch alle ihre Nachkommen sind dagegen immun.

Das ist schön und interessant. Aber noch nicht sehr aufregend. Die Aufregung begann, als es zwei Wissenschaftlerinnen, **Emmanuelle Charpentier** und **Jennifer Doudna**, klar wurde, dass man dieses bakterielle System für etwas ganz anderes verwenden könnte. Nämlich für die gezielte Veränderung jeder anderen DNA-Sequenz. Man kann diese bakteriellen Proteine verwenden, mit ihnen jegliche synthetische CRISPR-RNA mit der gewünschten Sequenz herstellen, und dann bringt die CRISPR-RNA das Protein an die gewünschte Stelle.

Diese Erfindung markiert den Beginn eines neuen Zeitalters in den Lebenswissenschaften. Einer der wichtigsten Ansätze in den Lebenswissenschaften – sei es Medizin, Mikrobiologie oder Molekularbiologie – ist es, Lebewesen mit mutierten Genen zu untersuchen. Das ist die beste Methode, um die Funktion von Genen zu bestimmen. Denn erst wenn ein Gen mutiert und nicht mehr richtig funktioniert, entdeckt man seine Existenz und Bedeutung (siehe Kapitel 6). Daher gibt es jede Menge Techniken, um Mutanten herzustellen.

Die längste Zeit war das nicht gezielt möglich. Was gemacht wurde, war, den zu untersuchenden Organismus – Maus, Pflanze, Bakterium, Fliege oder Pilz – mit mutagenen Substanzen zu behandeln, sodass sie Mutanten bildeten. Dann suchte man nach Mutanten mit einem bestimmten Merkmal. Das war extrem mühsam und man konnte nur zufällige Mutationen hervorrufen. Dann kam in den 1980er-Jahren die Gentechnik auf, die sich in den 90er-Jahren gut etablieren konnte. Durch aufwendige Tricks konnte man nach einiger Zeit gezielte Mutationen in einzelne Gene einführen. In manchen Organismen ist das ziemlich einfach. Aufwendig blieb es dennoch.

Seit 2012 hat sich dieses Bild vollkommen geändert: Mittels CRISPR/Cas9 (so der derzeitige Name) kann man relativ mühelos

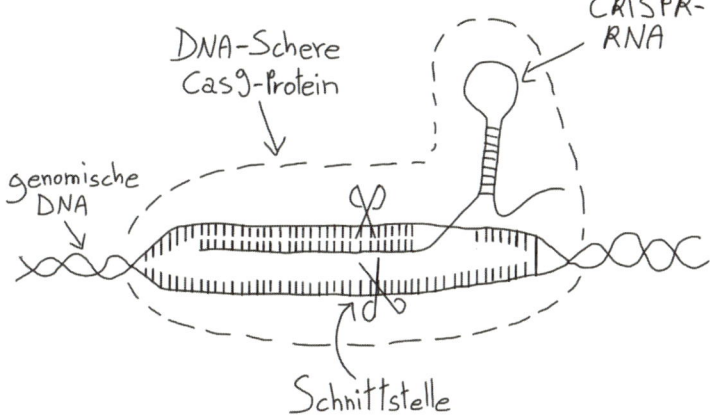

Abbildung 12:

Das CRISPR/Cas9-Protein mit der synthetischen Guide-RNA bindet an chromo-
somale DNA und findet die genaue komplementäre Sequenz zur Guide-RNA.
Daraufhin schneidet Cas9 beide DNA-Stränge, es entsteht ein Doppelstrangbruch.
Das ist ein Alarmsignal für die Zelle, die sofort versucht, die DNA zu reparieren.
Dadurch entstehen unterschiedliche Veränderungen an der DNA, je nachdem,
wie das System manipuliert wird.

ganz gezielt Gene ausschalten, verändern oder gänzlich entfernen. Und das ziemlich schnell – dank eines bakteriellen Proteins aus dem Bakterium Streptococcus pyogenes funktioniert die Methode überall: in Pflanzen, Fliegen, Fischen, Würmern und in menschlichen Zellen. Diese Technologie ermöglicht es, das menschliche Genom auch nachhaltig über die Keimbahn zu verändern.

Hier das genaue Prozedere: Eines dieser bakteriellen Proteine, welche DNA schneiden kann, heißt »Cas9«. »Cas« bedeutet »CRISPR-assoziiert«. Es bindet die CRISPR-RNA, welche wir nun als »Guide-RNA« bezeichnen, weil sie das Cas9-Protein dorthin führt, wo es schneiden soll. Die RNA funktioniert dabei wie ein Fremdenführer, weil sie das Chromosom abliest und das Protein genau an seinen Zielort führt (siehe Abbildung 12).

Das Cas9-Protein kann weiter gentechnisch modifiziert werden, damit es nicht mehr nur schneidet. Es wird fieberhaft daran gearbeitet, um Cas9 so zu ändern, dass es epigenetische Marker an die DNA setzt. Damit wird man Gene, die für krebsartiges Wachstum von Zellen verantwortlich sind, stilllegen können. Ohne die DNA-Sequenz selbst zu ändern.

Ein paar weitere Fakten machen schnell klar, was diese neue Methode leisten kann: Diese neueste Version von Gentherapie, Genomeditierung genannt, ist schnell, effizient und leicht durchzuführen. Man muss kein Profi sein und braucht auch kein aufwendiges Labor. Diese Technik könnte in den Amateurgaragen ohne Weiteres durchgeführt werden, an Pflanzen und an Tieren. Am größten ist die Hoffnung, mit dieser Methode genetische Krankheiten beim Menschen zu heilen. Einen ersten ernst zu nehmenden Vorschlag gibt es bereits: Patienten, die eine genetisch bedingte Degeneration der Retina haben, könnten behandelt werden, indem man ihnen Stammzellen entnimmt, diese krankmachende Mutation mittels CRISPR/Cas9 korrigiert und den Patienten dann die behandelten, gesunden Zellen wieder einführt. Eine echte Heilung. Das ist nur ein Beispiel für die Art von Therapie, die sich am schnellsten daraus entwickeln wird: Patienten ihre eigenen

Stammzellen zu entnehmen, den genetischen Defekt zu korrigieren und dann die gesunden Zellen wieder einzupflanzen.

Für die Anwendung der Genomeditierung an menschlichen Embryonen gibt es derzeit einen Aufruf zu einem Moratorium: Die Forscher rufen dazu auf, die Methode so lange nicht anzuwenden, bis mehr darüber bekannt ist – und vor allem, um die Verlässlichkeit und eventuelle Nebenwirkungen abzuschätzen. Die Methode hat nämlich auch eine Schwäche: Sie ist nicht sehr genau, weil die CRISPR-RNA auch mit ähnlichen Sequenzen paaren könnte und dann Mutationen nicht nur an gewünschten, sondern auch an anderen Stellen des Genoms passieren könnten. Das sind aber nur technische Probleme, die sicherlich in naher Zukunft zu bewältigen sind.

Die Gesetze zu biomedizinischen Anwendungen sind von Land zu Land sehr unterschiedlich. So war es auch möglich, dass eine chinesische Arbeitsgruppe bereits 2015 zum ersten Mal berichtet hat, dass sie die CRISPR-Methode an menschlichen Embryonen angewandt hat. Die internationale Empörung war groß. Zur Verteidigung wurde vorgebracht, dass die Methode »nur« an nicht lebensfähigen Embryonen probiert wurde und diese auch nicht zur Entwicklung in eine Trägermutter implantiert wurden. Es wurde also »nur« getestet, ob CRISPR/Cas9 tatsächlich funktioniert. Und das tat es.

Großes Aufsehen erregten die Mikroschweine vom Beijing Genomic Institute in Shenzhen, China. Mittels der CRISPR-Technologie wurden kleine Schweine hergestellt, die sechsmal leichter sind als normale Schweine. Diese sollen nun als Haustiere Karriere machen. Auch gibt es bereits Schweine mit 62 Editierungen im Genom, um diese als Organspender für Menschen zu adaptieren. Das zeigt, dass dem menschlichen Erfindungsgeist keine Grenzen gesetzt sind.

Für die genetische Veränderung von Pflanzen kommt hier eine ganz neue Komponente hinzu: Bei der herkömmlichen Gentechnik ist es leicht, gentechnisch modifizierte Pflanzen von den

Wildtyp-Pflanzen zu unterscheiden. CRISPR/Cas9 ist ein gänzlich anderer Zugang – die Editierungen werden nur sehr schwer nachweisbar sein. Der US-Chemiekonzern DuPont hat bereits angekündigt, CRISPR/Cas9 verwenden zu wollen, um neues Saatgut zu erzeugen.

Es ist klar, dass CRISPR/Cas9 nur der Anfang ist. Jetzt, wo man weiß, wo man suchen muss, um solche speziellen Proteine zu finden, läuft die Suche umso intensiver. Und man wird fündig. So wurde bereits ein neues Protein entdeckt, genannt Cpf1, das anscheinend noch kleiner und besser als Cas9 ist. Es werden noch viele folgen.

Es wird also möglich sein, viele Editierungen am menschlichen Genom auch in der Keimbahn durchzuführen. Die personifizierte Medizin wird durch CRISPR riesige Fortschritte machen. Diese Entwicklung ist nicht aufzuhalten – sie ist ja auch ein echter Fortschritt. Aber wo werden die Grenzen sein? Wie ist die Genomeditierung ethisch zu bewerten?

Moral und Ethik sind menschliche Erfindungen. Notwendige Erfindungen, um ein lebenswertes, würdevolles Dasein in einer Gesellschaft zu garantieren. Moral war eine notwendige Erfindung, um Regeln für die Bewertung von Handlungen zu begründen. Eine Gesellschaft braucht Regeln, um die Schwachen vor der Willkür der Stärkeren zu schützen. Idealerweise stellen die Mitglieder einer Gesellschaft diese Regeln auf und sie bewähren sich nur dann, wenn die Mehrheit sie auch annimmt. Moral ist nichts Absolutes, Moral ändert und entwickelt sich mit der Gesellschaft. Man muss aber bedenken, dass viele moralische Regeln nur im Kontext des jeweiligen Zeitgeistes und der gerade herrschenden Rahmenbedingungen verständlich sind. Die moralischen Vorstellungen und die daraus resultierenden Regeln spiegeln den Wertekanon einer Gesellschaft wider.

Moral schützt vor der Selbstzerstörung einer Gesellschaft. Moralische Vorstellungen sind auch eine wichtige Stütze und Handlungsorientierung. Die Erkenntnis, dass das Recht des Stärkeren, auch als Faustrecht bezeichnet, keine Lebensqualität und oft kein Überleben ermöglicht, zwingt uns dazu – ob wir es wollen oder nicht –, Regeln aufzustellen. Das begünstigt den Fortbestand der Menschheit. Wir haben gelernt, dass Kollaboration einen wichtigen Mehrwert darstellt. Dieser Mehrwert ist aber oft nicht gleich erkennbar. Da helfen klare Regeln.

Wichtig ist, dass gesellschaftliche Regeln sich an die moralischen Vorstellungen der jeweiligen Zeit anpassen und nicht stur und mit Gewalt als absolute Werte verteidigt werden. Ein oft diskutiertes Beispiel: Hat ein Mensch in unserer Zeit das »Recht auf ein gesundes Kind«? Ist Gesundheit ein Recht, das einklagbar ist? Verständlich wird diese Diskussion, wenn wir bedenken und akzeptieren, dass in unserer demokratischen Gesellschaft jede Bürgerin das Recht auf die bestmögliche medizinische Versorgung hat. Auch wenn das praktisch nicht umsetzbar ist, weil es eben suboptimale Ärzte gibt und Fehler bei Diagnosen und Therapien nicht ausgeschlossen werden können. Also wirklich nur best*mögliche* Gesundheitsversorgung. Wie viel Selbstverantwortung für die eigene Gesundheit und die Gesundheit der Kinder kann die Gesellschaft bei jeder Bürgerin einfordern?

Die CRISPR-Methode verschafft dem Menschen diese Möglichkeit – deshalb ist es derzeit auch in allen nationalen Gesetzen absolut verboten, in die menschliche Keimbahn einzugreifen. Mittels CRISPR können an einem oder mehreren Genen menschlicher Embryonen gleichzeitig Veränderungen durchgeführt werden. Weil es Editierungen am Embryo sind, der sich zu einem Menschen entwickelt, der dann wiederum Nachkommen zeugen kann, können die Veränderungen auch an die nachfolgenden Generationen vererbt werden.

Die Manipulation der menschlichen Keimbahn gilt (noch) als absolutes Tabu. Ich bin nicht der Meinung, dass ein Mensch, der durch Gentherapie oder Genomeditierung genetisch verändert wurde, einen Super-GAU darstellt. Er wird nicht anders sein als andere Menschen. Genau wie ein Kind, das durch

143

In-vitro-Fertilisation gezeugt wurde, nicht anders ist als jedes andere Kind.

Das Problem liegt im Detail: Welche Gene dürfen wie verändert werden? Und welche Nebenwirkungen können bei dieser Methode auftreten?

Die bestmögliche Medizin? Das wäre es. Und das ist genau der Punkt. Ein junger Arzt in Harvard hat ein Gen identifiziert, dessen Mutation Herzinfarkte auslöst. Er würde gerne Embryos untersuchen und behandeln, die betroffen sind. Das ist derzeit verboten. Es gibt also Eltern, die wissen genau, welche kaputten Gene sie haben. Und sie wissen, mit welcher Wahrscheinlichkeit sie ein gesundes oder ein krankes Kind haben werden. Sollten sie nun auf das Glück setzen und auf natürlichem Weg ein Kind bekommen, mit der berechenbaren Wahrscheinlichkeit, dass es diese Krankheit hat? Oder würden sie sich für eine In-vitro-Fertilisation entscheiden und einen gesunden Embryo selektieren bzw. in der Keimbahn Gentherapie anwenden?

Darüber steht natürlich eine weitere große Frage: Ab wann ist eine Mutation eine Krankheit? Welche Editierungen sollten erlaubt sein und welche nicht? Welche Krankheiten sollten ausgelöscht werden, welche nicht? Und was sagt es über Menschen aus, die mit diesen Krankheiten ein glückliches Leben führen? Dass diese »Defekte« trotzdem entfernt werden sollten? Es ist schlicht ein Ding der Unmöglichkeit, hier eine Liste von erlaubten Editierungen aufzustellen. Sollte eine Genomeditierung zugelassen werden, dann müsste das von Fall zu Fall entschieden werden.

In dieser Technologie steckt sehr viel Potenzial. Wir könnten eine ganz neue Spezies produzieren. Ich bin überzeugt, dass wir sogar den Neandertaler wiederauferstehen lassen könnten. Es ist alles eine Frage der Zeit.

In Großbritannien hat die Human Fertilisation and Embryology Authority (HFEA) vor Kurzem erlaubt, menschliche Embryonen durch Genomeditierung zu verändern. Das Projekt wird am Francis Crick Institute in London an übrig gebliebenen Embryonen durchgeführt. Die Projektleiterin **Kathy Niakan** möchte diese Technik anwenden, um zu verstehen, warum so viele Embryonen sich nicht weiterentwickeln. Damit möchte sie die Erfolgsrate bei In-vitro-Fertilisationen erhöhen. Die editierten Embryonen werden nicht eingepflanzt, um sich zu Menschen zu entwickeln. Das Projekt wird jedoch die Technologie in Richtung »Designerbabys« weiterentwickeln. Das zeigt, wie unterschiedlich offen die einzelnen Staaten zu diesen Fragen stehen. In Österreich ist eine Eizellspende erst seit 2015 erlaubt – und dieses Gesetz hat lange auf sich warten lassen.

Vor kurzer Zeit war ich in einer Volksschule zu Gast. Dort hing ein Plakat, darauf ein Bild von Jesus, das die Kinder gemalt hatten. Sein Kopf war im Zentrum einer Sonne, von der Strahlen wegführten. In jedem Strahl hatte ein Kind etwas über Jesus geschrieben, eines davon Folgendes: »Jesus ist der Sohn Gottes. Ich mag ihn sehr. Er sorgt für Frieden in der Welt.« Und ich dachte mir: Im österreichischen Bildungssystem wird unheimlich viel Energie aufgewendet, um Kindern ein religiöses Weltbild zu vermitteln. Sie wachsen mit einer Konstante auf, die eigentlich eine Lüge ist. Damit können Kinder und später Erwachsene kein Vertrauen in den Staat und in die Kirche aufbauen. Und gleichzeitig erwarten Politiker und Wirtschaftsführer, dass Menschen innovativ sind, neue Ideen haben und neue Firmen gründen. Eine stark religiöse Erziehung verhindert aber, sich mit der Veränderung der Gesellschaft auseinandersetzen zu können. Ein ständiges konservatives Nein zu allem Neuen ist keine Lösung. Genauso wie es ein Fehler ist, immer nur das Neue gut zu finden. Wir müssen ein Konzept finden, das auf Erfahrung basiert und den Menschen ein Urvertrauen in ihre logischen Gedanken geben kann. Aufklärung! (Siehe Kapitel 12)

Der Mensch hat jetzt die Möglichkeit, nachhaltig in seine eigenen Gene einzugreifen. Theoretisch könnte er irgendwann einmal ein ganzes Genom am Computer entwerfen. Es ist jetzt noch nicht möglich, wird es aber mit Sicherheit irgendwann sein. Es werden dann spannende Diskussionen entstehen: Wo ist die Gefahr? Ist es überhaupt eine große Gefahr? Könnten wir auf diese Weise schneller auf sich ändernde Umweltbedingungen reagieren?

Man kann der ethischen Frage nicht ausweichen. Deshalb ist es so wichtig, dass die Gesellschaft diese Debatte führt und ethische Regeln aufstellt. Und es ist dabei ganz klar, dass diese Regeln zeitlich begrenzt gelten müssen. Für jetzt sind sie gültig, aber in zwanzig oder dreißig Jahren gelten neue Regeln, denn vielleicht gibt es bis dahin ganz neue Therapien. Ethische Regeln sind an ihre Zeit gebunden – und an die Gesellschaft, die sie aufstellt.

Nachdem die Evolution kein Ziel hat, wissen wir nicht, welches das Idealbild vom Menschen sein könnte. Das jetzige Idealbild ist eigentlich nicht wirklich definiert, und das ist gut so. Die lange, dünne Powerfrau? Der gutmütige Muskelmann? Diese Modeerscheinungen ändern sich, sind vom Zeitgeist abhängig.

Ich werde hier nicht sagen, was zu geschehen hat. Nur das: Diese Debatte ist sehr wichtig und muss in globalen Bioethikkommissionen geführt werden. Und diese Debatte muss öffentlich sein. So eine Diskussion darf nicht hinter verschlossenen Türen stattfinden. Dazu braucht es eine intensive Aufklärung der ganzen Menschheit. Es muss in der Bevölkerung diskutiert werden. Dafür ist Bildung wichtig. Und wieder: Aufklärung!

Der Mensch hat die Möglichkeit, sich im engsten Wortsinne neu zu erfinden. Und er darf nicht den Kopf in den Sand stecken und, von Angst und Unwissen getrieben, sagen: Wir verbieten alles! Die Österreicher sind sogar gegen die gentechnisch manipulierte Tomate. Sie haben aber keine Einwände, gentechnisch erzeugte Medikamente einzunehmen. Wären sie auch gegen Gentechnik, wenn es darum ginge, ein gesundes Kind zu zeugen?

Der Mensch erfindet sich ständig neu. Ständig und immer wieder. Seine Sehnsüchte lassen ihn nicht zur Ruhe kommen. Seit Beginn des Kulturzeitalters erfindet der Mensch Dinge, von denen er der Meinung ist, dass sie ihm das Leben leichter machen, dass sie ihm Geld bringen oder ihn beim anderen Geschlecht attraktiver machen werden. Das erhöht ja auch seine Chancen, sich zu reproduzieren – nur darauf kommt es ihm an. In den letzten fünfzig Jahren hat sich die Wissenschaft so weit entwickelt, dass wir immer besser verstehen können, wie der Mensch funktioniert. Jetzt – und wie ich denke zum ersten Mal in der Geschichte der Menschheit – hat er die Werkzeuge zur Verfügung, um nicht nur seine Ideen, sondern auch seine Gene nach Belieben zu gestalten. Er kann sich neu erfinden. Nicht nur sein Ich, auch sein Aussehen, seine Gedanken! Er kann wirklich Hand anlegen und sich so verändern, dass es stabil in die nächsten Generationen übergeht. Das ist mehr als eine Schönheitsoperation, Schminke oder Mode.

Die CRISPR/Cas9-Technologie könnte einen sehr positiven Aspekt haben. Wir könnten auf ganz individuelle Weise unsere genetischen Mängel reparieren. Wir könnten alle genetischen Krankheiten eliminieren. Das wäre das Ende des Zeitalters der genetischen Krankheiten.

Das ist natürlich ein Ziel. Und dieses wird viele Argumente gegen die Technologie verstummen lassen. CRISPR/Cas9 ist zu einfach und kostengünstig. Und ich bin mir sicher: Diese Methode wird perfektioniert werden und zur Anwendung kommen.

KAPITEL 9

WAS MACHEN WIR MIT UNSEREN ARCHAISCHEN FÄHIGKEITEN?

Entscheidung statt Instinkt, geplagte Wesen, Mensch und Maschine, ein echtes Dilemma, das neue Paradies, Glücksgefühle zur Belohnung, eine Mogelpackung und alte Meister.

Der Mensch kommt sehr »unfertig« auf die Welt. Er muss sehr vieles erst erlernen – das meiste durch Nachahmung und hartes Training. Aber er lernt oft auch neue Fertigkeiten, die er sich selber aussucht und ausdenkt.

Im Lauf der Evolution haben die Vorfahren des Homo sapiens und auch die heute lebenden Menschen viele tolle Fähigkeiten erlernt – und wieder verlernt. Fähigkeiten gingen verloren, weil sie nicht mehr notwendig waren, zum Beispiel das Klettern auf Bäume. Obwohl ich finde, dass manche Menschen, und vor allem kleine Kinder, sensationelle Kletterer sind, wenn sie die Möglichkeit dazu haben. Vielleicht schlummert die Fähigkeit zu klettern noch in den menschlichen Genen und wartet nur darauf, wieder geübt zu werden. Denn nur was man übt, bleibt erhalten. Das ist schon ein bisschen kränkend.

Ein wirklich wichtiger Unterschied zwischen Mensch und Tier ist die Fähigkeit, bewusste Entscheidungen zu fällen. Fragt man Psychologen, so werden wir erfahren, dass tierische Handlungen hauptsächlich trieb- und instinktgesteuert sind. Der Mensch

149

jedoch lernt immer mehr, seine Instinkte und Triebe zugunsten von bewussten Entscheidungen und Handlungen zu unterdrücken.

Ein gutes Beispiel dafür ist die Ernährung: Die Menschen des 21. Jahrhunderts sind umso unsicherer, was sie essen sollen, je gebildeter sie sind. Kinder wissen instinktiv, wann, was und wie viel sie essen wollen. Dann werden sie erzogen und müssen Dinge essen, die sie nicht wollen. Sie müssen oft viel mehr essen, als ihnen guttut – und was noch schlimmer ist, sie werden mittels Geschenken dazu verführt, Dinge zu essen, die ihnen nicht guttun. In jedem beliebigen amerikanischen Supermarkt findet sich in der Abteilung »Cereals«, was amerikanische Kinder zum Frühstück essen. Je ungesünder und unnatürlicher der Inhalt der Packung, desto bunter ist sie. In manchen Schachteln sind kleine Geschenke drinnen, die Kinder natürlich haben wollen, und damit sie diese bekommen, essen sie die abartigen »cereals«. Erwachsene hingegen lesen viel zu häufig darüber, wie gesund oder ungesund manche Nahrungsmittel sind, sodass die Unsicherheit immer größer wird, was sie essen sollen. Die Menschen haben ihren Instinkt in dieser Hinsicht verloren.

Weiß der Mensch eigentlich, was er tut? Seine Sehnsucht nach Glück scheint stark zu sein. Sonst wäre der Mensch nicht auf der Suche, würde sich nicht alle möglichen und unmöglichen Dinge einreden lassen, die ihm angeblich ein längeres und erfüllteres Leben ermöglichen. Zum Beispiel hat er das Gelée royale (siehe Kapitel 7) für sich entdeckt. Er hat sich die Bienenkönigin angesehen und erkannt, dass sie allein durch die Dauer der Ernährung mit Gelée royale, dem Wundermittel, um einiges größer als die anderen Bienen ist, reproduktionsfähig ist und wesentlich länger lebt, während die Arbeiterinnen steril sind, nur einige Wochen lang leben und viel kleiner sind. Kein Wunder, dass der Mensch dieses Wunderding für sich entdeckt hat. Auf seiner Suche nach dem magischen Trank für ein ewiges, gesundes, königliches Leben!

Davon bringt ihn auch niemand ab, nicht die amerikanische Food and Drug Administration (FDA) und nicht die Europäische

Behörde für Lebensmittelsicherheit (EFSA), die beide festgestellt haben, dass Gelée royale keinen nachweisbaren Nutzen für den Menschen hat. Das Protein Royalactin, das die überragende Entwicklung der Königin verursacht, ist anscheinend artspezifisch und wirkt vielleicht bei einer Fliege, aber sicher nicht beim Menschen.

Die Menschen sind geplagte Wesen! Sie leiden an ihren bewusst gewordenen Mängeln. Sind geplagt von einer ständigen Sehnsucht, ohne genau definieren zu können, wonach ihnen wirklich dürstet. Nach Gelée royale? Ihre Sehnsucht scheint das Paradies zu sein: ein ewiges Leben ohne Krankheiten und Sorgen und ohne große Anstrengungen. Und für diese Utopie sind sie anscheinend bereit, einen hohen Preis zu zahlen.

Hier befinden wir uns beim menschlichsten aller Probleme: der Sehnsucht nach Geborgenheit und Sicherheit, nach Bequemlichkeit und Gemütlichkeit – doch diese Zustände sind nicht förderlich für die Evolution von Lebewesen, die immer komplexere Fähigkeiten verlangt. Die Menschen sind eben keine fertigen Produkte einer Schöpfung, sondern sich entwickelnde Wesen, die sich ständig an neue Notwendigkeiten anpassen müssen. Gemütlichkeit kann man manchmal wirklich genießen, aber in Wahrheit müssten sich die meisten Menschen ständig anstrengen.

Am Beispiel unserer Muskelkraft können wir am besten sehen, wie Evolution funktioniert. Der Mensch hat bereits vor langer Zeit gelernt, sich Energie zunutze zu machen. Er machte Feuer, um sich zu wärmen und zu kochen. Er erfand das Rad und den Karren, um Dinge leichter in Bewegung zu setzen. Erst im 9. Jahrhundert erfanden die Chinesen das Schießpulver und lernten, dass man damit Explosionen auslösen konnte. Die Erzeugung von Wärme war dem Menschen schon früh bekannt. Es dauerte aber wirklich lange, bis ihm die Idee kam, dass man Wärme benutzen könnte, um Dinge in Bewegung zu setzen. Zuvor verwendete der Mensch dafür ausschließlich Muskelkraft, menschliche oder tierische. (Dabei musste doch jemandem einmal aufgefallen sein, dass der Deckel eines Kochtopfes sich in Bewegung setzt, wenn das Wasser kocht! Vielleicht waren die Männer zu selten in der Küche – oder zumindest die Ingenieure?)

Gegen 1700 war es jedenfalls so weit. In den englischen Kohlebergwerken wurde zum ersten Mal eine Dampfmaschine verwendet. Was für eine revolutionäre Erfindung! Der Mensch lernte, Dinge in Bewegung zu setzen, dabei seine Muskelkraft zu sparen und diese sogar noch zu übertreffen. Das Prinzip ist einfach: Holz, Kohle oder jedes andere entflammbare Material wird verbrannt und dadurch Hitze erzeugt. Damit wird Wasser erwärmt, der Dampf dehnt sich aus und erzeugt Druck. Damit kann man einen Kolben in Bewegung setzen, und diesen Kolben kann man mit unendlich vielen anderen Dingen verbinden, die man in Bewegung bringen kann. Das war erst vor dreihundert Jahren. Seitdem sind Tausende Maschinen erfunden worden, welche die menschliche Muskelkraft ersetzen.

Nur: Was passiert jetzt mit den Muskeln? Sie verkümmern, wenn sie nicht gebraucht werden. Die Körper der Menschen ändern sich rapide; sie brauchen kaum mehr zu gehen, haben Autos, Lifte und Rolltreppen, sogar Rollteppiche, damit sie nicht mehr laufen müssen. Das aktuelle Schönheitsideal sind dünne, lange Beine und Arme mit möglichst wenigen Kurven. Der Mensch hat sehr wohl erkannt, dass das keine gute Entwicklung ist, denn das Skelett braucht Muskeln zur Stütze; die allgegenwärtigen Kreuzschmerzen sind ein klares Zeichen, dass das Kreuz nicht gut gehalten wird.

Die Lösung? Der Mensch gleicht den Verlust seiner ursprünglichen Fähigkeit mit einer neuen Erfindung aus: Er beginnt, aus Freude und Gesundheitsbewusstsein zu laufen, und baut auf der ganzen Welt Fitnessstudios, erfindet Maschinen, die nur dazu dienen, seine Muskelkraft zu trainieren. Das ist bemerkenswert. Das Bild dreht sich um: Der Mensch erfindet Maschinen, die nicht den Zweck haben, Arbeit für ihn zu leisten, sondern solche, die ihm seine Kraft abverlangen, nur um seine Muskelkraft wieder zu stärken. Ich habe vor Kurzem eine Werbung für eine Trainingsmaschine gesehen, die die Muskelkraft, die der Mensch beim Trainieren erzeugt, speichert, um damit das Haus zu beleuchten.

Das ist das beste Beispiel dafür, wie Evolution funktioniert: Wenn etwas nicht gebraucht wird, verkümmert es. Wir müssen daher das Bild vom Paradies etwas revidieren. Ein Leben auf der Couch mit viel Essen und reiner Unterhaltung ist kein evolutionäres Erfolgsrezept!

Hier ist er, der Mensch, inmitten seines großen Dilemmas: *Evolution ist nicht kompatibel mit einem Leben im Paradies!* Er weiß, dass er sich anstrengen muss, damit ihn die Evolution gut behandelt. Anstrengen, nicht leiden! Wäre der Mensch im Paradies, stünde die Evolution still. Käme es zu Veränderungen in seiner Umwelt, an die er sich nicht anpassen könnte, würde ihn die Selektion gnadenlos eliminieren. Denn unsere Umwelt ändert sich ständig, und wir Menschen müssen uns ständig anpassen. Wir benutzen jetzt unsere Technologie und passen diese ständig an neue Rahmenbedingungen an. Wie **Darwin** sagte, wird nicht der Stärkste überleben, sondern der Anpassungsfähigste.

Im Laufe der Evolution hat sich diese Notwendigkeit, fit zu sein, auch im menschlichen Gehirn eingeprägt. Denn sonst wäre es nicht erklärlich, dass es so glücklich und zufrieden macht, sich anzustrengen und an die Grenzen zu gehen. Jeder kennt diesen angenehmen Zustand der völligen Erschöpfung, weil er sich verausgabt hat. Die sogenannten Neurotransmitter, die das Gehirn erzeugt, lindern Schmerzen und heben die Stimmung. Glückshormone sind noch nicht genügend erforscht, um sie wissenschaftlich zu behandeln, aber es ist eindeutig, was die Evolution hier hervorgebracht hat: das Prinzip der Belohnung. Das ist ein archaisches Prinzip: Wenn die SuperheldInnen einer Sippe sich besonders angestrengt haben, werden sie gelobt, bewundert und geliebt.

Der Mensch schwindelt gerne. Das ist ja oft auch kurzfristig erfolgreich. So hat er das Doping für sich entdeckt und meint nun, er könne, statt sich anzustrengen, einfach ein paar chemische

Substanzen einnehmen. So gesehen lässt sich das Gehirn kurzfristig täuschen, aber die Muskeln werden dabei nicht angeregt.

Die Lust an körperlicher Anstrengung ist eine archaische Fähigkeit. Das sind Fähigkeiten, die im Laufe der Evolution wichtig waren, um zu überleben, die aber mit der Zeit abhandengekommen sind, weil der Mensch Dinge erfunden hat, die diese Fähigkeiten unnötig gemacht haben. Weil er sie nicht mehr erlernt, entwickeln sie sich nicht. Wenn er sie lange genug nicht gebraucht hat und die dazu notwendigen Gene sich ändern, um andere Fähigkeiten auszuüben, dann sind sie weg. Die spannende Frage ist, wozu der Mensch noch in der Lage wäre, wenn sich die Notwendigkeit oder die Lust dazu wieder ergibt. Der Mensch verliert viele Gene. Das wissen wir, weil unser mit dem Schimpansen gemeinsamer Vorfahre noch etliche Gene hatte, die wir nicht mehr haben (siehe Kapitel 6). Was schlummert alles in unseren Genen?

Meine liebste archaische Fähigkeit ist das Schwimmen. Wir brauchen diese Fähigkeit nicht wirklich – viele Menschen lernen nie schwimmen, aus welchen Gründen auch immer. Mich hat der Aufenthalt im Wasser immer glücklich gemacht. Ich würde mich als Schwimmjunkie bezeichnen. Wenn ich eine Stunde lang ganz konzentriert schwimme, bin ich der zufriedenste Mensch auf Erden. Der Körper kann sich dabei dehnen und kräftigen, alle Muskeln können zum Einsatz kommen – ich wechsle immer ab zwischen Brust, Rücken und Kraul – und der Kopf ist frei, darüber nachzudenken, wonach ihm gerade gelüstet. Wenn das Schwimmen dann noch in einem schönen See stattfindet, wo der Geruch des Wassers so gut ist, ist alles perfekt. Ich habe mich immer schon gewundert, warum mich das Schwimmen so glücklich macht. Dieser Zustand muss ein Fossil aus jener Zeit sein, als wir noch im Wasser gelebt haben. Deswegen mag ich **Elaine Morgans** Wasseraffen-Hypothese so gerne, nach der die Menschen eine Zeit lang am und im Wasser gelebt haben (siehe Kapitel 3).

Kann es sein, dass das Streben nach dem Paradies eine solche archaische Fähigkeit ist? Ich meine dabei nicht das Streben nach dem

Paradies im biblischen Sinne. Dies ist eine kulturell ausgedachte Sache, um den Menschen etwas verkaufen zu können. Mit der Vorstellung des Paradieses wird der Mensch leicht zum Konsumopfer – sei es, dass ihm die Religionen das Paradies nach dem Tod versprechen, wenn er sich an bestimmte Regeln hält, oder wenn ihm ein Urlaubskatalog Ferien unter Palmen mit jeder Menge Essen, Trinken, Sex und Nichtstun anpreist. Das Versprechen des Paradieses ist eine erfolgreiche Verkaufsstrategie.

Warum hat der Mensch das Paradies erfunden und propagiert es überall? Es gehört in die Kategorie drei, zu den Ideen (siehe Kapitel 4), aber die Hoffnung, dass es in Kategorie zwei (Erfindungen) gelangen kann, ist groß und gelingt sicherlich punktuell. Viele Menschen fühlen sich im Paradies. Ein Großteil der Wirtschaft, der Werbung, der Medien baut auf der Hoffnung auf, dass das Paradies machbar sei. Das Streben danach, dass man schöner, besser, erfolgreicher und glücklicher – dem Paradies möglichst nahe – sein kann, ist groß. Diese Strategie ist deshalb so erfolgreich, weil sie so flexibel ist. Jeder Mensch kann sein ganz persönliches Paradies erfinden. Die Wirtschaft nützt dieses Bestreben, um den Menschen zu manipulieren.

Ich möchte hier die Hypothese aufstellen, dass die Erfindung des Paradieses als Idee für ein erstrebenswertes Zukunftsziel der entscheidende Motivationsfaktor in der Kulturevolution des Menschen ist. Ohne diese Bilder im Kopf würde er nicht so viel Energie mobilisieren, um alles, was er tut, zu rechtfertigen. In dem Moment, in dem sein Gehirn gelernt hat, dass diese virtuellen Kopfbilder seinen Körper manipulieren können, war die Entwicklung der Kultur nicht mehr aufzuhalten. Und wichtig ist, dass diese Kulturevolution Hand in Hand mit der biologischen Evolution geht.

Die Erfindung des Paradieses war evolutionär so erfolgreich, weil das Paradies keine Realität ist und es daher je nach Bedarf veränderbar ist. Die Vorstellung des Paradieses ist flexibel und anpassungsfähig.

Ich habe das Wort »Paradies« in die Google-Bildersuche eingegeben. Das Ergebnis war sehr lustig. Da gibt es verschiedene

Kategorien: Himmel, Strand, Bibel, Adam und Eva, Islam und Insel. Eine Ansammlung davon, welche Vorstellungen derzeit vom Paradies bestehen. Auffällig ist, wie oft das Meer abgebildet ist. Ebenso auffällig ist die Anzahl der Darstellung von schönen nackten Frauen. Sich unter Palmen an einem schönen, menschenleeren Strand mit einer schönen Frau zu paaren, ist natürlich sehr schön und auch evolutionär sinnvoll. Da manifestieren sich viele archaisch erfolgreiche Momente der Menschheitsgeschichte.

Wer sich mit voller Konzentration und Hingabe einer machbaren Aufgabe widmet, hat wahrscheinlich schon die Erfahrung gemacht, wie sehr gute Leistung glücklich machen kann und wie leicht schwere Aufgaben erscheinen, wenn man bereits in hochaktivem Zustand ist. Das könnte auch eine Art Paradies sein – ein Paradies, in dem gearbeitet wird. Das könnte eine echte archaische Fähigkeit sein: dass man sich anstrengt und Glück dabei empfindet! Das evolutionär erfolgreich ist. Wir sagen oft, dass alles so gut gelaufen sei. Ein Zustand des Fließens. »Panta rhei«, meinen die alten Griechen, alles fließt! Bereits Heraklit verglich das Sein mit einem Fluss. Wichtig dabei ist die Erkenntnis, dass man nicht zweimal in denselben Fluss steigen kann, denn es wird jedes Mal, wenn man hineinsteigt, ein anderes Wasser fließen.

Diesen Zustand zu erreichen, bei dem man das Gefühl für Zeit verliert, weil man ganz mit einer Sache beschäftigt ist, die einem volle Hingabe abverlangt und bei der man vollkommen im Einklang mit sich selbst ist, wird in der Kreativitätsforschung »Flow« genannt. Ein Zustand, in dem man sehr, sehr hohe Leistung erbringen kann und glücklich ist. Besonders Musiker, Sportler und Künstler, aber im Prinzip alle Menschen können sich in diesen Zustand versetzen, in dem alles leichter ist, man die Zeit vergisst. Es gibt viele Tätigkeiten, die einen Menschen so faszinieren, dass er regelrecht süchtig danach werden kann. Das ist vielleicht auch eine Form des Paradieses. Für dieses Fließgefühl gibt es jede Menge evolutionstheoretische Erklärungen.

Der Mensch hat seine Evolution jetzt schon sehr gut verstanden und kann seine Eigenarten auch gut erklären. Menschen sind Gewohnheitswesen und es gefällt ihnen, wenn sie sich sicher in einer gemütlichen Nische aufhalten. Sie gewöhnen sich an ihre Lebensbedingungen und sind bestens an diese angepasst. Dann passiert etwas, das unerwartet ist, und sie werden aus ihrem gemütlichen Dasein herausgerissen. Die Reaktionen der Menschen auf solche Situationen sind sehr unterschiedlich. Konservative Menschen, die sich wenig zutrauen und ängstlich sind, fühlen sich dann gleich gestresst. Sie haben schlechte Karten, wenn es drauf ankommt, einige Dinge schnell zu ändern und ohne genau zu wissen, wie. Dann gibt es rastlose Menschen, die immer Neues ausprobieren wollen. Ihnen wird bald fad, wenn nicht ständig eine fordernde Aufgabe vor ihnen liegt. Sie brauchen ständig einen Kick. Diese wären bestens gerüstet für neue, sich rasch ändernde Lebensbedingungen, aber da sie oft Risiken eingehen, haben sie eine höhere Chance, gar nicht bis zum reproduktiven Alter zu gelangen.

Am besten ist eine Mischung aus beidem: stabile Zeiten genießen, aber sich trotzdem für Herausforderungen rüsten. Diese Eigenschaften hat die Evolution mit der Zeit selektiert. Menschen, die stabile Zustände genießen können, sich aber trotzdem gerne anstrengen und bei gefährlichen Situationen einen kühlen Kopf behalten. Sie üben für den Notfall. Diese Übungen werden von der Natur mit einem fließenden Glücksgefühl belohnt. So einfach ist es – und es ergibt so viel Sinn!

Viele Menschen träumen ihr ganzes Berufsleben lang von ihrer Pension, wenn sie nichts mehr tun müssen. Sie freuen sich aufs Nichtstun, und dann wird ihnen auf einmal fad. Denn der »paradiesische« Zustand kommt nicht beim Nichtstun, sondern wenn man endlich Dinge tun kann, die diese archaische Zufriedenheit bewirken.

Viele archaische Fähigkeiten wurden tabuisiert oder gelten als primitiv und obszön. Alles, was urig ist: Geburt, Sexualität, Tod. Archaische Tätigkeiten, die der Mensch mit seinen Ideen, seiner

Technik manipuliert. Das Altern findet in einem parallelen Universum statt, und der Tod wird hinter verschlossenen Krankenhaustüren und mithilfe von Maschinen bewerkstelligt. Frauen wollen keine Wehen mehr haben, ihre Kinder kaum mehr stillen. Menschen haben Scheu davor, sich innerhalb ihrer Familie nackt zu zeigen, und bezahlen andere Menschen dafür, heimlich und verschwiegen ihre sexuellen Fantasien zu erfüllen.

Dabei ist die Sexualität die beste archaische Fähigkeit, welche die Evolution dem Menschen beschert hat. Dabei kommt der ganze Körper in Fluss. Und seit Kurzem hat ihm seine Kreativität die Möglichkeit geschaffen, seine Sexualität voll erblühen zu lassen, ohne dabei an Reproduktion denken zu müssen. Nur zur Erinnerung: Das wichtigste evolutionäre Ereignis des 20. Jahrhunderts und der Biowissenschaften ist die Trennung von Sexualität und Reproduktion (siehe Kapitel 4). Die Menschen können sich reproduzieren ohne Sex, und sie können Sex haben ohne Reproduktion. Damit bekommt die Sexualität einen ganz neuen, eigenen Stellenwert.

70 000 Jahre Kultur haben der menschlichen Sexualität jedoch nicht gutgetan. Die Fähigkeit, Dinge zu denken, die es nicht gibt, hat es geschafft, diese archaische Fähigkeit so ziemlich zu vernichten. Frauen müssen jetzt darum kämpfen, ihre Sexualität überhaupt wieder ausleben zu dürfen. Moralistische Religionen haben einen vollkommen pervertierten Zugang zur Sexualität. Wie konnte es dazu kommen, dass die Sexualität der Frauen »verteufelt« wurde, verboten, unterdrückt? Ich war erstaunt, als man in den 60er-Jahren des letzten Jahrhunderts vermeintlich den weiblichen Orgasmus entdeckte. Als wäre das nicht das Natürlichste auf der Welt! Jeder sollte das aus eigener Erfahrung wissen. Was während vieler Jahrmillionen als beste Überlebenspraxis gedient hat, wurde zum Instrument der Macht. Keine menschliche Tätigkeit ist dermaßen tabuisiert und manipuliert worden wie die Sexualität. Menschen werden vernutzt (wie Elfriede Jelinek es ausdrücken würde) und zu Objekten reduziert, die man kaufen und dann wieder wegwerfen kann (siehe Kapitel 10).

158

Die Wahl eines genetisch kompatiblen Partners ist sicherlich eine archaische Fähigkeit. Der menschliche Geruchssinn ist sehr sensibel und die sicherste Kompatibilitätsprüfung. Auch Deodorants und Parfüms können nicht ewig über den echten Geruch hinwegtäuschen.

Kultur beeinflusst die Biologie, aber die Biologie macht es erst möglich, dass es Kultur überhaupt gibt. Erlerntes ist zweifelsohne sehr wichtig, aber die genetische Prädisposition muss vorhanden sein. Gewohnheiten und alles, was der Mensch in den ersten Lebensjahren lernt, bestimmten den Aktivierungszustand der Gene. Die Frage ist nur, wie schnell, wie fest und wie langfristig diese Aktivierung ist. Viele der Fähigkeiten, die der Mensch jetzt hat, sind genetisch vorgegeben, müssen aber dennoch geübt werden. Etwa die Fähigkeit, auf zwei Beinen zu gehen. Die Veränderungen des menschlichen Erscheinungsbildes und seiner Statur, die kleineren Zähne und Gesichtsmuskeln, das größere Gehirn, das ist alles genetisch festgelegt. Es ist für mich eine spannende Frage, wie lange es dauern würde, bis unsere Nachkommen wieder ganz ohne Kultur auskommen und sich wieder voll auf ihre Muskelkraft und eine viel präzisere Wahrnehmungsfähigkeit verlassen könnten.

Am Beispiel der Evolution des menschlichen Körperbaus und den offensichtlichen Anpassungen ist leicht zu erkennen, wie sich dieser aufgrund von neuen Gewohnheiten ändert: Der aufrechte Gang hat sich entwickelt, mit dem Ergebnis, dass sich die Form der menschlichen Hüfte und Beine diesem Gang anpasste. Der Rückgang der Größe der Gesichtsknochen und der Zähne ist eine Anpassung an die Ernährung.

Es gibt eine Menge Erklärungsversuche, welche evolutionären Entwicklungen zum heutigen Menschen führten. Zum Beispiel könnte die Bevorzugung einer Hand bei der Bearbeitung von Werkzeugen eine Voraussetzung für die Entstehung von Sprache gewesen sein. Dadurch sei möglicherweise die Lateralisierung des Gehirns (die Spezialisierung der beiden Gehirnhälften) angestoßen worden. Eine weitere Voraussetzung für die Sprachentwicklung

war womöglich der aufrechte Gang. Affen müssen für jede Laut-
äußerung und für jeden Schritt separat Luft holen. Erst der aufrechte Gang hat wahrscheinlich die zum Sprechen erforderliche
Umstellung der Atmung ermöglicht. Vielleicht als wir uns im Wasser aufhielten.

Viele archaische Fähigkeiten sind noch da, noch erkennbar.
Ich nehme einmal an, dass der Jäger und Sammler körperlich
wesentlich stärker und resistenter war, eine vollkommen anders
geschulte Wahrnehmung hatte. Er hatte ja kaum Hilfsmittel, um
seine Mängel auszugleichen, er musste einfach fit sein. Ich nehme
zum Beispiel an, dass die Befriedigung, die viele Menschen beim
Einkaufen verspüren, ein Fossil aus der Zeit der Jäger und Sammler
ist. Wenn Frauen in großen Shoppingcentern umherstreifen und
nach Schnäppchen Ausschau halten, um dann ganz verzückt und
zufrieden mit ihrer Beute nach Hause zu kommen, ist das wahrscheinlich ein Relikt aus der Sammlerinnenzeit. Was auch da-
fürspricht, dass vor allem Frauen die Sammlerinnen waren. Das
Glücksgefühl beim Shopping: ein Überbleibsel einer archaischen
Sammlerfähigkeit?

Der Mensch kann nahezu jeden körperlichen Nachteil ausglei-
chen. Eine Mogelpackung, denn die Gene haben diese Nachteile
noch in sich. Es wird also eine Genqualität bei der Partnerwahl an-
gepriesen, die eigentlich gar nicht vorhanden ist. In China gab es
einen sehr aufschlussreichen Gerichtsprozess: Ein Mann forderte
die Scheidung ein, weil ihm seine Frau kosmetische Operationen
verschwiegen hatte. Er fand sie schön, hat sie geheiratet und ist
dann draufgekommen, dass sie eine Mogelpackung ist. Ihre Gene
sind nicht so toll, wie sie es vermuten ließ.

Milliarden Jahre lang war die Selektion in der Evolution erbar-
mungslos und hat uns fit und anpassungsfähig gemacht. Seit der
Mensch aber vor 70 000 Jahren gelernt hat, die Evolution (schein-
bar) zu überlisten, wird seine Fitness abhängig von seinen Erfindungen. Wie wirkt sich das auf seine Überlebensfähigkeit aus?
Gene ändern sich nur sehr langsam, sie haben sich in den letzten

Jahrtausenden kaum geändert. Trotzdem ist die Lebenserwartung mehr als doppelt so hoch wie vor gerade einmal 100 Jahren. Um 1900 lag die Lebenserwartung um die vierzig Jahre. Im 21. Jahrhundert wird der Mensch wahrscheinlich die höchste Lebenserwartung erreichen – Tendenz steigend. Nach der Statistik werden 50 Prozent der im Jahre 2014 geborenen Kinder 106 Jahre alt. Sind sie jetzt besonders fit? Steckt die lange Lebenserwartung in den Genen – oder sind es die epigenetischen Tricks, die es dem Menschen ermöglichen, so alt und gleichzeitig so fit zu sein? Oder sind es seine Erfindungen?

Zieht man alle technischen Erfindungen ab, ist der Mensch dann fitter als vor 70 000 Jahren oder unfitter? Würden die Menschen ihre körperlichen Fähigkeiten wieder trainieren, wären sie vielleicht wieder da. Der Mensch ist ein Meister in der Optimierung seines Körpers. Läufer, Hochspringer, Artisten vollbringen sensationelle Leistungen mit ihrem Körper. Das Wissen darüber, wie man jagt, wie man ohne Elektrizität Nahrung zubereitet, ist verschüttet, aber wieder erlernbar. Gewisse Muskeln sind durch fehlende Bewegung verkümmert, könnten aber wieder trainiert werden. Abgesehen davon hat der Mensch erkannt, dass der Zustand in einer behaglichen, beheizten Wohnung, auf einer bequemen Couch gar nicht so paradiesisch ist wie angenommen. Weil der Körper – einer archaischen Fähigkeit folgend – nach Bewegung verlangt. Jeder Mensch spürt das instinktiv (ob er danach handelt oder nicht) – bei Kindern ist es besonders gut zu beobachten, wie sie ihrem natürlichen, archaischen Bewegungsdrang folgen.

Der Gedanke ist so wichtig, dass ich ihn noch einmal wiederhole: Die Evolution hat kein Ziel, sie ist pragmatisch, und es wird sich das durchsetzen, was möglich ist und was sich als nützlich erweist. Es gibt keinen Grund, dass wir so sind, wie wir sind, außer den, dass es eine von sehr vielen erfolgreichen Möglichkeiten ist. Das gilt für die Natur genauso wie für die Kultur. Wir könnten auch ganz anders sein. Es hängt eben oft vom Zufall ab, was sich gerade durchsetzt. Und es hängt von einzelnen kreativen Individuen ab, die explorativ und zu Leistungen fähig sind, die andere dermaßen begeistern, dass sie sie nachahmen wollen.

Nun wissend, dass er für das Erlernen vieler Fähigkeiten selber verantwortlich ist und dass der Mensch zu unterschiedlichen Zeiten unterschiedliche Fähigkeiten gebraucht hat: Ist die Fähigkeit zur Wiederherstellung vieler alter Fertigkeiten erhalten geblieben? Oder hat der Mensch sie für immer verlernt, weil keine Lehrer mehr da sind, die das Wissen verbreiten könnten?

Ich bin einmal durch den Louvre in Paris geschlendert und habe mir die Gemälde der französischen Maler des 16. Jahrhunderts angesehen. Ich bin einfach vor Erstaunen und Bewunderung dagestanden und habe mir gedacht: Wie ist das möglich, dass Menschen solche Fähigkeiten hatten? Da gab es ein paar Porträts, die waren dermaßen schön, tiefsinnig und ausdrucksstark, dass mir klar wurde, dass diese Bilder etwas Einmaliges sind. Und es gab so viele davon. Auch wenn man in Amsterdam ins Rijksmuseum geht oder in den Prado in Madrid, findet man solch atemberaubende Malerei. Zu der Zeit ihrer Entstehung, vor 500 Jahren, hatten Menschen eine Fähigkeit, die meines Wissens verloren gegangen ist. Es gibt ja auch keine Lehrer mehr, welche eine so hohe Kunst der Porträtmalerei lehren könnten. Oder doch? Könnte man durch Kopieren solcher Bilder diese Fertigkeit wiederbeleben? Möchte man das überhaupt noch können? Oder ist die Zeit dieser Kunst einfach vorbei?

Unsere archaischen Fähigkeiten – ob noch vorhanden oder bereits vergessen – sind eine Kombination von evolutionärer Notwendigkeit und kultureller Leidenschaft. Sie sind unser wichtigstes Potenzial, um den Schranken der Evolution zu entkommen. Wir müssen sie nur weise nutzen.

KAPITEL 10

FEMINISMUS – EINE STRATEGIE ZUR VERBESSERUNG DER MENSCHENRECHTE

Mangelwesen, liberale und dogmatische Gesellschaftsformen, gekränkte Omega-Männer, viele Frauenbilder, ein Männerbild, Vielfalt, Fairness, fatale Mythen, nützliche Quote und eine anstrengende, aber positive Perspektive.

Ich möchte dieses Kapitel **Elaine Morgan** widmen, der britischen Feministin, die sich erdreistete, die Rolle der Frauen in der Evolution zu studieren (zu ihrer Wasseraffen-Hypothese siehe Kapitel 3). Sie wollte wissen, welche Merkmale in der Evolution vom Verhalten der Frauen stammen. Anthropologen haben eine sehr androzentrische Sichtweise der Evolution und sehen ständig das Verhalten der Jäger und Sammler als bestimmende Faktoren. Dabei hilft es nicht viel, wenn archaische Jäger immer besser Speere werfen lernen, um sich Futter zu besorgen, wenn die Frauen die kleinen Kinder nicht durchbringen. Und es ist nicht gesichert, dass es der Jäger war, der dem Kind das Essen brachte, oder nicht doch die Mutter, die Beeren, Wurzeln und Kleintiere am Wasser sammelte. Die Meeresküste war ein optimaler Ort für Frauen, denn Futter gab es genug und das Wasser bot ihnen Schutz vor den meisten fleischfressenden Raubtieren. Und an der Küste gibt es die meisten Höhlen. Menschenkinder sind sehr lange hilflos, und für **Elaine Morgan** ist es der essenzielle Aspekt in der Evolution: Das

Verhalten, welches am besten garantiert, dass die Nachkommen gut genährt und geschützt sind, wird die Evolution bestimmen.

Vor einigen Tausend Jahren waren ein paar Männer der Meinung, dass Frauen keine vollwertigen Menschen seien. Frauen seien Mangelwesen. Auch Aristoteles war der Ansicht, dass nur eine starke und warme Frau einen Jungen gebären könne; sei sie zu jung, zu alt oder schwächlich, würde sie (nur) ein Mädchen zur Welt bringen. Schon einige Jahrhunderte zuvor brachten ein paar Männer die Geschichte der Welt und der Menschheit zu Papier und schrieben darin, Gott hätte den Mann erschaffen – und ihm dann die Frau zu seiner Disposition aus einer seiner Rippen hergestellt. Dieser Mythos wurde mit Gewalt aufrechterhalten. So, als würde die Welt untergehen, wenn erkannt werden würde, dass Frauen eine ebenso wichtige Rolle bei der Evolution der Menschen spielen wie Männer. Das wäre wieder eine Kränkung, an der viele Männer schwer zu leiden hätten.

Man hätte erwarten können, dass es mit **Darwins** Erkenntnis der Evolution und dem modernen Wissen über unsere Biologie allgemein anerkannt werden würde, dass Frauen sowohl für die biologische als auch für die soziale Evolution die bedeutendere Rolle spielen. Wenn es **Jean-Paul Sartre** kränkt, dass der Mensch ein Mangelwesen ist, wird einem klar, dass vor allem Männer unter ihren Mängeln leiden. Diese Leiden sind natürlich ein starker Motor, denn sie spornen die Männer an, heroische Leistungen zu erbringen. Das ist die positive Seite. Die negative Seite ist die Frustration der Männer, die zu Gewalt führt. Gewalt gegen andere Männer und schlussendlich auch gegen Frauen. Gegen die Frauen ihrer Feinde und sogar gegen die eigenen Frauen.

Die Geschichte der Menschen ist die Geschichte dieses permanenten Kampfes zur Überwindung dieser Mängel, die sie so sehr frustrieren. »Die Geschichte der Politik ist eine Ansammlung von Verbrechen. Die Geschichte des Feminismus ist eine traurige Ansammlung von Gewalttaten an Frauen.« So formulierte es **Karl Popper**. Die Geschichte des Feminismus ist aber auch gekoppelt an den Kampf um allgemeine Menschenrechte. Mit dem Kampf um die Überwindung von menschenunwürdigen Hierarchien, welche die Hauptquelle von Frustrationen sind.

Ich denke, **Karl Popper** hat etwas sehr Wichtiges und Richtiges gesagt. Menschenrechte sind meiner Meinung nach meistens mit Frauenrechten verknüpft. Denn eine Gesellschaft, ihre Werte und ihre Qualität, spiegelt sich darin, welche Rechte die Frauen in dieser Gesellschaft haben. Die Geschichte der Königin Ischtar aus dem Gilgamesch-Epos, einem der ältesten überlieferten Schriftstücke der Menschheit, zeigt, dass man den Frauen schon zu jener Zeit ihre Identität verweigern wollte. Die Königin klagt darin, man mache sie für die Sintflut verantwortlich, da sie ihren Schleier nicht getragen habe. Das Epos entspringt einer Gesellschaft von vor fast 4000 Jahren. Die Schleier gibt es immer noch. Und Menschenrechte werden immer noch nicht als höchstes Kulturgut gefeiert.

Der Umgang mit Menschenrechten in einer Gesellschaft hängt stark von deren Form ab: Auf der einen Seite stehen die evolutionären, liberalen Gesellschaftsformen, die sich ständig an Veränderungen anpassen können, pragmatisch sind und dem Individuum die Freiheit gewähren, durch Bildung Entscheidungen treffen zu können. Liberale, sozial verträgliche Gesellschaften. Unser Ideal! Ihnen gegenüber stehen die dogmatischen, hierarchischen Formen, die einer sich nicht veränderbaren Idee verschrieben sind und alles konservieren wollen, damit es so bleibt, wie es ist. Diese Gesellschaften gehen davon aus, dass es eine starre Ordnung gibt, der zu folgen ist. Religionen unterstützen diese dogmatischen Gesellschaften und unterdrücken die Menschen mit Ideen wie einem allmächtigen, strafenden Gott, mit Himmel als Belohnung und Hölle als Strafe. Diese menschlich erdachten, starren Strukturen nützen ein paar wenigen Mächtigen, während die Massen verarmen und keinen Zugang zu hochwertiger Bildung erhalten.

Die liberalen Strukturen folgen den Regeln der Evolution – sie entwickeln sich nach Bedarf. Die dogmatischen Strukturen folgen einem erdachten Schema, das nur mit Gewalt implementierbar ist.

Platon, **Hegel** und **Marx** zum Beispiel haben eher starre Strukturen geprägt. Viele Philosophen propagierten im Gegensatz dazu eher liberale Strukturen, die den Regeln der Evolution folgen. So denke ich auch, dass es machbar ist, dass sich Gesellschaftsformen von innen entwickeln und keiner starren Gewalt unterworfen sein müssen. Es ist so meine Vorstellung im Sinne der sich selbst organisierenden Systeme, dass Gesellschaften sich ganz nach Bedarf entwickeln und vielen, wenn nicht sogar allen, gerecht werden können. Dies mag naiv sein, trifft aber den Kern: Demokratie ist das, worauf Menschen kommen, wenn sie die Prinzipien der Evolution verstanden haben; wenn Bildung zu Kritik- und Entscheidungsfähigkeit führt. Dogmatische Strukturen unterliegen hingegen einem starren Schema und sind auch zu unflexibel, um sich an sich ändernde Bedingungen anzupassen.

Demokratie sollte sich nach dem Prinzip der sich selbst ordnenden Systeme (siehe Kapitel 1) entwickeln, weil der Mensch erkennt, dass soziale Kooperation, Zusammenarbeit und intelligente Regeln erfolgreich und nachhaltig sind und komplexere Strukturen möglich machen.

Europa ist eine Vorreiterin: Seine Länder sind dicht besiedelt, die Menschen haben relativ hohe Bildung, Frauen wollen nicht mehr als zwei Kinder, vielen reicht auch eines. Und es gibt natürlich Frauen, die überhaupt keine Kinder brauchen, um ihrem Leben einen Sinn zu geben. Das Bevölkerungsproblem hätte Europa also im Griff, um eine stabile Gesellschaftsstruktur zu schaffen. In einer liberalen Gesellschaft ist es glücklicherweise möglich, dass dort, wo etwas gebraucht wird, auch etwas entstehen kann. Menschen übernehmen Verantwortung dafür, gestalten, schaffen, entwickeln. Das Einzige, was man propagieren sollte, ist Bildung zur Eigenständigkeit. Für Männer wie für Frauen. Und möglichst wenig administrative Kontrolle.

Ich bin eine überzeugte Verfechterin der Idee, dass sich vieles in einer liberalen Gesellschaft von selbst regelt. Daher gehe ich davon aus, dass man Frauen vertrauen kann, dass sie das Richtige für eine

Gesellschaft tun. Ich selbst bin überglücklich, Mutter zu sein, und staune oft, welche Energie und Freude mir dieser Aspekt des Lebens bringt. Jetzt bin ich Großmutter und erkenne, welche archaischen Kräfte durch das Zusammensein mit Enkelkindern an die Oberfläche kommen. Es ist ein Imperativ jeder frei entwickelten Gesellschaft, dass es den Menschen – Frauen wie Männern – freistehen muss, ob, wie und wann sie Nachkommen zeugen wollen. Der Staat hat die Aufgabe, die Rahmenbedingungen zu schaffen, dass alle Kinder, egal aus welcher sozialen Schicht, Zugang zu Krankenversorgung und Bildung haben.

Wie es den Frauen geht, offenbart viel von der Qualität einer Gesellschaftsstruktur. Welche Geschlechter-, Frauen- bzw. Männerbilder konstruieren die beiden konträren Gesellschaftsformen? In der liberalen Gesellschaft sind Frauen gleichberechtigt, frei, ihr Leben zu gestalten, und gebildet genug, um Entscheidungen zu treffen. In dogmatischen, diktatorischen Strukturen müssen Frauen sich unterordnen und leiden am meisten. Denn die Dogmen werden meist von Männern aufgestellt, um ihre eigene Wichtigkeit zu betonen und sich Vorteile zu verschaffen. Männliche, hierarchische Strukturen sind immer frauenfeindlich. Weil diese nur funktionieren, wenn der Omega-Mann, der Unterste, der von allen übrigen Männern unterdrückt wird, wenigstens noch auf seine Frau einschlagen darf, weil sie sich nicht wehren kann. Hätte er seine Frau nicht, würde er aufbegehren und gegen die hierarchische Struktur ankämpfen.

In Indien hatten Frauen über lange Zeit gar keine Rechte. Sie durften nichts besitzen. Wenn der Mann starb, wurde die Frau deshalb mitverbrannt, meistens lebendig. Damit erstens kein anderer Mann die Frau bekommen kann und weil sie zweitens auch gar nicht in der Lage war, sich selbst zu erhalten. Es ist noch gar nicht so lange her, dass sich Frauen sogar freiwillig umbringen ließen! Das war sehr angesehen. Auf Wikipedia habe ich darüber gelesen und einen Satz gefunden, der mich aus der Fassung brachte: »Auch unter Brahmanen wurde die Witwenverbrennung zunehmend *beliebt.* Im Hinduismus war sie hoch angesehen, aber keine Pflicht.« Es war also kein Zwang. Und trotzdem wurde den Frauen Druck gemacht. Weil es hoch angesehen war. Und wenn sie sich nicht verbrennen ließ, galt es als Untreue. Eine ausweglose Situation, umschrieben mit der Floskel, sie sei »beliebt« gewesen. Wie kann Witwenverbrennung beliebt sein!? Wer liebt das? Die Witwe? Die restliche männliche Familie, weil sie sich nicht mehr kümmern musste? Beliebt. Wie es den Männern beliebt! Diese Missstände zeigen, dass Frauen als Eigentum ihrer Männer betrachtet wurden.

Wenn eine Frau mit einer Religion aufwächst, die ihr suggeriert, dass es ein nächstes Leben nach dem Tod gibt und sie Opfer bringen muss, damit dieses nächste ein besseres Leben wird, so wird sie kein Selbstvertrauen aufbauen, um sich gegen diese Mythen zu wehren. Das erklärt die Tatsache, dass sich eine Witwe opfert und selbst verbrennen lässt, in der Hoffnung, dass es dadurch irgendwann besser werde. Solche Mythen empfinde ich als Lüge und als Verbrechen. Ich lasse es nicht gelten, dass solche Ideen den Menschen angeblich Trost spenden. Ohne diese Mythen und Ideen hätten sie den Trost gar nicht notwendig!

Frauenbilder sind wie Gesellschaftsformen eine menschliche Erfindung. Das Frauenbild, das in meiner frühesten Kindheit, in den 1950ern, dominierte, waren die Babydolls. Doris Day war die mädchenhaft-unschuldige, aber sexy Sauberfrau. Die Babydoll-Kleider waren dementsprechend gestaltet: neckisch-kindlich, aber mit Spitze. Ich hatte ein solches Kleidchen als Pyjama. Frauen wurden als kindlich und niedlich, aufschauend und sehr brav dargestellt. Aber in Wirklichkeit war der Großteil der Frauen nicht kindlich-lustig, sondern unterdrückt und vollkommen abhängig von seinen Ehemännern. Die Gesellschaft hatte ein sehr homogenes Frauenbild und der Haushaltvorstand, der das Sagen hatte, war der Mann. Dass Frauen eigene Berufe hatten, war selten.

Wie sich das Frauenbild ändert, zeigen die Science-Fiction-Frauenbilder der Gegenwart wie Catwoman. Sie ist mächtig, kann alles, hat Superkräfte, ist schnell, stark. Wäre sie nicht zugleich sexy, hätte sie nur typisch männliche Attribute. Wie einst Kleopatra wird sie bewundert für ihre Macht und ihren Sexappeal. Deren Macht lag vermutlich in ihrer Erotik.

Die Frage ist doch: Gibt es Gesellschaften, in denen Frauen gleichberechtigt sind? Wenn sie nicht unterdrückt werden, werden sie doch meist bewundert: die Amazonen etwa. Interessant ist, dass man heute nach den Genen der Amazonen sucht und herausfinden möchte, ob es diese Frauen wirklich gegeben hat. Und die Forscher sind anscheinend in kleinen Populationen in der heutigen Mongolei fündig geworden. Dort gibt es Nachkommen der Amazonen. Sie sind rothaarig, hellhäutig und grünäugig.

Die Franzosen haben **Jeanne d'Arc** als eines ihrer Frauenbilder, das sehr zu bewundern ist. Anscheinend sind Frauen, die sich opfern, sehr beliebt. Die Märtyrerrolle, die scheint zu gefallen. Sie war mutig und kämpferisch, und vor allem war sie der Kirche zu gefährlich. Erst im 20. Jahrhundert wurde sie heiliggesprochen. Dann teilen die Franzosen noch ein Frauenbild mit den Polen: die doppelte Nobelpreisträgerin **Marie Skłodowska Curie.** Sie war Physikerin und Chemikerin und ein echtes Vorbild. Eines der begehrtesten Stipendien der Europäischen Union trägt heute ihren Namen. Obwohl Frankreich zu ihrer Zeit sehr liberal war, musste Marie Curie viel einstecken, weil sie nicht der Norm entsprach. Sie war und bleibt in ihrer Art ein Unikat.

Solche Frauenbilder sind so wichtig! Die Engländer haben ihre Königinnen Victoria und Elisabeth I. und II., die Österreicher ihre »Kaiserinnen« Maria Theresia und Sissi, die einen nicht enden wollenden Kultstatus genießt, und die Deutschen haben endlich Angela Merkel. Diese Frauen sind jede auf ihre Art Ausnahmeerscheinungen – sie halten die Würde der Frauen hoch.

In den ehemaligen sozialistischen Diktaturen im Osten Europas waren Frauen beliebt und respektiert – als Arbeitskraft. Im Westen haben Frauen theoretisch ebenfalls gleiche Rechte, gleiche Möglichkeiten, ähnliche Pflichten wie Männer, obwohl die Wirklichkeit eine andere Sprache spricht. Und es scheint, dass sie – verglichen etwa mit den Frauen der ehemaligen DDR oder anderer sozialistischer Staaten – verweichlichen, ihre Gleichstellung nicht zu schätzen wissen oder umgekehrt nicht erkennen, wie hart es war, diese zu erkämpfen. Man kann Frauen anscheinend leicht zur Unselbstständigkeit verführen, indem man ihnen ein leichtes, schönes und umsorgtes Leben in der Obhut ihrer Ehemänner verspricht. Doch das schwächt sie.

Welches Frauenbild propagiert die heutige Wirtschaftswelt? Ich bin immer wieder besorgt, wenn ich Frauen- und Männerzeitschriften anschaue. Der Mensch als Konsument. Die Topmodels, die den Frauen zeigen, wie sie auszusehen haben und was sie zu konsumieren haben. Die Lust- und Objektfrauen, die in den Männerblättern zu sehen sind und dort selbst zum Konsumobjekt werden. Frauenhandel, vernutzte Frauen, käufliche Frauen in der Tourismusbranche. Ich vermisse die Gruppe **Pussy Riot**. Sie hatte eine viel zu kurze Wirkungsphase.

Die Welt hat so viele starke und kämpferische Frauen hervorgebracht. Die Frauen dieser Welt sollten mehr Solidarität, mehr Zusammenhalt und mehr gegenseitige Unterstützung im Kampf für Menschen- und Frauenrechte zeigen. Positive Frauenbilder in all ihrer Vielfalt brauchen eine verstärkte Sichtbarkeit.

Momentan habe ich das Gefühl, dass die westliche Welt sehr stark einem neuen Frauenbild nacheifert: der Superfrau. Supermutter, Superkarrierefrau, Superliebhaberin, superschlank, supertoll. Und kochen soll sie auch noch können. Viele junge Frauen denken, das alles müssten sie liefern, um Anerkennung zu erhalten. Der Wettbewerb am Arbeitsmarkt ist gnadenlos. Das scheint eine neue Strategie zu sein, um Frauen zu entmutigen. Viele wollen sich das auch nicht mehr antun und verlassen den Pfad der männlichgeradlinigen Karrieren.

Das Schöne an der heutigen Zeit ist die Vielfalt der Frauenbilder. Erlaubt ist, was gefällt (wenigstens in der westlichen Welt), und die Frauenbildung schreitet voran. Schwierig wird es, wenn die Politik ein bestimmtes Frauenbild fördert und die Gleichberechtigung mit Gleichbehandlung verwechselt. Es wird dann erwartet, dass Frauen sich wie Männer verhalten sollen. Wir sollten Eigenschaften nicht ständig einem bestimmten Geschlecht zuordnen. Was will die moderne Gesellschaft von der Frau? Will sie Frauen, die sich in Männerrollen fügen?

Das Frauenbild ist ein Spielball der wirtschaftlichen Bedürfnisse. Gibt es zu wenige Fachkräfte, sollen Frauen in die Technik. Gibt es zu wenige Kinder, sollen sie an den Herd. Fehlen Lehrerinnen und Kindergartenpädagoginnen, sollen die Frauen sich bitte dahingehend ausbilden lassen. Frauen fügen sich, füllen Lücken, passen sich an. Natürlich ist es für den Fortbestand der Menschheit notwendig, dass Frauen Kinder gebären – aber da die Welt bereits überbevölkert ist und die Lebenserwartung so hoch, macht diese Periode der Fortpflanzung nur mehr einen geringen Teil des Lebens aus. Bei einer Lebenserwartung von vierzig Jahren waren die zwanzig Jahre, in denen Kinder Betreuung brauchen, praktisch das ganze Erwachsenenleben. Bei einer Lebenserwartung von neunzig Jahren kann das Leben den Frauen viele andere Aspekte bieten.

Etwas möchte ich hier noch einmal klarstellen: Wegen der Überbevölkerung der Erde sollte die Anzahl der Kinder pro Frau nicht höher als zwei sein, um den heutigen Stand zu halten. Besser wäre es, wenn die Weltbevölkerung wieder auf etwa eine Milliarde zurückginge – nicht übereilt, aber in ein- bis zweihundert Jahren. Mit einem Schnitt von ein bis zwei Kindern pro Frau wäre das erreichbar.

Für die Evolution geht es nur, aber wirklich nur darum, wer Nachkommen zeugt und wer nicht. Das ist das Einzige, was zählt. Wer pflanzt sich fort und wer nicht. Aus diesem Gedanken heraus können wir verstehen, dass es für Männer eben wichtig ist, dass sie an Frauen herankommen und sich mit ihnen paaren – es war ein evolutionär erfolgreiches Konzept. Dafür gibt es zwei Möglichkeiten: Die Männer machen sich für Frauen begehrenswert und erhalten somit viele Gelegenheiten. Oder sie wenden Gewalt an. Dann können wir sofort überlegen, was das Wünschenswertere ist und auf welche Weise die gezeugten Kinder glücklicher sind und eine höhere Überlebenschance haben. Es genügt nämlich nicht, Kinder nur in die Welt zu setzen – sie müssen auch überleben. In unserer heutigen westlichen Kultur ist die Kindersterblichkeit sehr niedrig und Frauen schaffen es auch ohne männliche Hilfe, ihre Kinder zu erziehen und erfolgreich heranwachsen zu lassen. Ist das eine weitere Kränkung für viele Männer? Sind sie fast überflüssig geworden?

Die Männer sind arm. Arm an Männerbildern – sie hatten immer nur dieses eine. Der Starke, der Jäger, der Krieger und der Ernährer. Könige, Götter, Kaiser, Weltmeister. Schön mussten sie nicht sein. Friedrich Torbergs Tante Jolesch sagte: »Was ein Mann schöner is wie ein Aff, is ein Luxus.« Dieses Männerbild hat sich bereits aufgeweicht. Nicht jeder Mann hat das Jagen, das Kämpfen, die Karriere im Sinn. Viele Männer suchen nach alternativen Identitäten. Viele kümmern sich liebevoll um die Kinder, sind stolze, glückliche Väter, genießen diesen Zustand und machen echtes Halbe-halbe. Was den Männern früher alles gefehlt haben muss! Immer der Starke und Allwissende sein zu müssen – das ist lästig und überfordernd. Die Gewalt vieler Männer ist Ausdruck ihrer Überforderung. Weil sie eigentlich überhaupt nicht wissen, was zu tun ist.

Unsere Gesellschaft muss sich überlegen, welche Männerbilder sie braucht. Das wäre eine sehr wichtige Aufgabe für uns Frauen. Was wollen wir von den Männern? Wie können wir sie glücklich machen, ohne dass wir uns selbst erniedrigen? Welche Männerbilder nützen der Gesellschaft und machen eine Gesellschaft lebenswert? Wir wollen heute ja wesentlich mehr als nur überleben. Die Ansprüche sind hoch – zu Recht. Es geht nicht nur um materiellen Wohlstand, sondern auch um kulturelle Errungenschaften, für die unsere Mütter und Väter gekämpft haben. Um soziale Gerechtigkeit, um Zugang zu hochwertiger Bildung, um Meinungsfreiheit und Vielfalt in der Lebensgestaltung. Fairness ist wichtig.

Wenn die Weltbevölkerung insgesamt abnehmen soll, dann ist es sinnvoll, dass sich die Menschen nicht mehr ausschließlich über ihr Geschlecht – männlich oder weiblich – definieren. Denn für viele ist es nicht mehr nötig, dass sie Kinder bekommen. Sie können ihr Leben anders gestalten. Diese Entwicklung ist in vollem Gang und unsere Kultur wird viele unterschiedliche Geschlechter erfinden, die sich weder dem weiblichen noch dem männlichen Bild zuordnen lassen. Das sind sehr interessante, kreative Menschen, die neue Felder ausprobieren. Diese werden der Gesellschaft sehr guttun. Wenn die Menschheit in Würde und Wohlstand überleben will, muss sie ihre Reproduktion einschränken.

Gesellschaften wie China oder Indien haben einen starken Männerüberhang. Der Grund dafür ist die Geburtenregelung und der niedrige Stellenwert der Frau. Mädchen werden nicht mehr geboren oder haben eine wesentlich niedrigere Überlebensrate. Jetzt ist bereits der Zustand eingetreten, dass Millionen junger Männer im heiratsfähigen Alter keine Partnerinnen finden, weil es sie einfach nicht gibt. Diese Situation erfordert ein Umdenken. Diese Länder brauchen neue Männerbilder. Die Gefahr ist groß, dass ihre Frustration in Gewalt umschlägt. Und was machen dann die Männer, wenn sie nicht mehr zur Reproduktion kommen? Sie könnten sich frei fühlen, neue Formen des Zusammenlebens erfinden, Homosexualität könnte frei ausgelebt werden. Es ist wichtig und gut, dass es Partnerschaften gibt, die glücklich machen, aber nicht der Reproduktion dienen – dies alles sind Dinge, die sich selbst regeln, wenn die Gesellschaft nichts vorschreibt. Diese Männer brauchen dringend ein sinnvolles Ziel für ihr Leben. Das beste Mittel, um dies zu erreichen, ist, sie hoch zu bilden. Leider sind es aber die sozial Schwächsten, die sich in dieser Gruppe der Übriggebliebenen finden.

Mit der Entkoppelung der Sexualität von der Reproduktion (siehe Kapitel 4) kann sich das Sexualverhalten der Menschen neu entwickeln. Wie geht es der weiblichen Sexualität? Das ist ein trauriges Kapitel. Gerade erst kam die Nachricht von einem Imam aus

Aarhus in Dänemark in die Medien, der verlangt, dass Frauen, die Unzucht begehen, zu Tode gesteinigt werden. Hier braucht es Aufklärung. Intensive Aufklärung über die weibliche Sexualität. Vor allem Männer sollten diese verstehen und schätzen lernen, statt sich vor ihr zu fürchten. Die weibliche Sexualität ist nach wie vor viel zu stark tabuisiert und sie fand in der Geschichte, auch in der Wissenschaft zu wenig Beachtung. Der weibliche Orgasmus wurde sogar erst in den 1960ern offiziell »anerkannt«. Ein riesiger Fortschritt, denn um 1900 war die offiziell vorherrschende Meinung, dass Frauen gar keine eigene Sexualität haben. Die Wissenschaft hat den weiblichen Orgasmus ignoriert. Als im viktorianischen England das Homosexuellengesetz nur für Männer gemacht wurde, war die Begründung, dass die weibliche Homosexualität nicht von Körperpflege zu unterscheiden und daher irrelevant sei.

In vielen Ländern ist das Wissen über die weibliche Sexualität viel zu gering. Ein Mythos, der sich leider in vielen afrikanischen Ländern hält, ist, dass eine Frau, die feucht ist, mit einem anderen Mann geschlafen haben muss. Deshalb reiben die Frauen sich vor dem Sex trocken – fatalerweise, denn durch die stärkere Reibung beim »trockenen« Geschlechtsakt entstehen kleine Risse in der Schleimhaut, durch die Partikel wie das HI-Virus leicht eindringen können. Ein Grund dafür, warum bei Vergewaltigungen die virale Übertragungsrate höher ist. Eine feuchte Schleimhaut ist nicht nur ein Zeichen, dass die Frau sich auf den Sex freut, sondern auch ein Schutz gegen die meisten Viren.

Worum geht es beim Sex? Geht es um einen gemeinsamen, lustvollen Akt? Oder um Macht? Eine hinfällige Frage, wenn man sich vor Augen führt, dass Jungfrauen verheiratet werden, die vorher nie penetriert worden sind und wahnsinnige Angst davor haben. Zehnjährige Mädchen werden brutal beschnitten und sind so geschockt und verstümmelt, dass sie nie Lustgefühle haben werden können. Allein der Gedanke, dass viele Frauen nie im Leben die Schönheit der Wollust erleben können, weil ihnen ihre Genitalien verstümmelt wurden, macht mich wütend, zornig und traurig.

174

Das Geschäft mit der Jungfräulichkeit ist auch so ein kultureller Unsinn. In Ländern, in denen Männer nur Jungfrauen heiraten wollen, ist es Tradition geworden, dass junge Frauen sich ihr Hymen – das Jungfrauenhäutchen – wieder zunähen lassen. Das war in Brasilien in den 1970er- und 80er-Jahren ein lukratives Geschäft. Heutzutage ist es in den islamischen Ländern anscheinend eine häufige Operation, um die Heiratsfähigkeit von Frauen zu reparieren.

Warum ist es in den meisten Religionen so unbedingt erwünscht, dass Frauen keine Lust an der Sexualität haben? Ich frage mich das vor dem Hintergrund der Evolution: Warum wollen Männer nicht, dass eine Frau erregt ist? Haben sie Angst davor? Warum? Haben Männer Angst davor, dass ihre Frauen fremdgehen und sie das Kind eines anderen aufziehen? Was sind das für Männer, die mit ihrer Frau schlafen und wissen, dass diese dabei nie glücklich ist? Ich denke, es kommt daher, dass die Männer Angst davor haben, dass ihre Frauen Sex haben wollen und sie selbst aber gerade nicht dazu in der Lage sind. Da wären wir wiederum bei der Kränkung der Männer, die sich über ihre sexuelle Leistung definieren und ein Problem haben, wenn diese nicht funktioniert (siehe Kapitel 4). Hier hilft Viagra. Eine Erfindung, die viel über den Zustand einer Gesellschaft verrät.

Es ist nicht schwer zu erraten, wie es in manchen Kulturen dazu kommen konnte, dass Frauen beschnitten werden. Diese vollkommen perverse Brutalität. Wenn man diese Kulturen näher betrachtet, so sind sie sehr hierarchisch. Die Männer haben eine extrem strenge Rangordnung, die Männchen erniedrigen einander und die männliche »Ehre« (so genau habe ich nie verstanden, was das sein soll) ist so dominant, dass aus gekränkter Ehre sich Mord und Rache perpetuieren. Eine solche männliche Rangordnung ist eben nur so lange möglich, solange der rangniedrigste Mann immer noch auf seine Frau hinuntertreten kann. Und das meistens, indem er seine »Männlichkeit« durch Gewalt und Vergewaltigung demonstriert.

In liberalen Gesellschaften wie Europa und in manchen amerikanischen Staaten gibt es sehr interessante Entwicklungen. Es entwickeln sich neue Geschlechterbilder. Wobei die Geschlechter biologisch vermutlich ohnehin nicht so unterschiedlich sind, wie sie die Menschheit konstruiert hat. Die Biologie macht nur das, was gerade gut ist, um das Überleben zu sichern. Und wahrscheinlich sind Bevölkerungen, die ihr Wachstum einschränken und reduzieren, das Ideal. Derzeit sollten sich menschliche Identitäten entwickeln, die nach vollkommenen neuen Lebensinhalten suchen. Die wichtigsten sind natürlich neue Wege, die für das Überleben der Menschheit dienlich sind.

Ob Menschen sich reproduzieren oder nicht, ob sie sich als Frauen, Männer oder als neue Geschlechterformen identifizieren – wichtig für ein würdiges und sinnvolles Leben sind Menschenrechte, Bildung und Toleranz. Dafür brauchen wir ein neues, intensiveres Zeitalter der Aufklärung (siehe Kapitel 12).

Worauf müssen wir Frauen aufpassen? Die derzeitigen politischen und wirtschaftlichen Krisen sind eine große Gefahr für Menschen- und Frauenrechte. Wir müssen weiterhin für Gleichberechtigung, Zugang zu Bildung und zum Arbeitsmarkt kämpfen; wir müssen Frauen in Führungspositionen unterstützen und einfordern, dass es eine Selbstverständlichkeit ist, dass ihnen 50 Prozent der Macht und des Kapitals zustehen. Deswegen sind Quoten unbedingt notwendig. Nur dann ist dieses Ziel erreichbar. Ich denke, dass Quoten leider notwendig sind. Eine Krücke. Solange noch die archaischen Instinkte von Männern vorherrschen, werden wir sie brauchen, um Chancengleichheit herzustellen. Es gibt Studien, die zeigen, dass Quoten funktionieren. Sobald man sie aber abschafft, weil man denkt, es passt jetzt, sackt der Frauenanteil rapide ab.

Wir Frauen müssen aufpassen, dass uns Rechte, die uns selbstverständlich geworden sind, nicht wieder weggenommen werden. Dazu gehören allem voran die Möglichkeit der Geburtenkontrolle, Zugang zu Empfängnisverhütung und Schwangerschaftsabbrüche in bester medizinischer Qualität. Die Pille zu verbieten, wäre der schlimmste Rückschlag für die Selbstbestimmung der Frauen.

Es ist mir wirklich ein Anliegen, dass der Feminismus als positiv konnotierter Begriff verstanden wird, der zu einer wesentlich höheren Lebensqualität führt – für alle! Auch für Männer. Nur den Alpha-Männern wird der Feminismus nicht gefallen, denn unter dem Feminismus können sie sich auch keine Beta- bis Omega-Männer mehr halten.

Frauen müssen sich selbst erfinden. Sie sind selten gefragt worden, was sie wollen – deswegen haben sie keine Übung in der Beantwortung dieser Frage. Das ändert sich in der liberalen, westlichen Welt derzeit rasant. Kinder werden oft gefragt, was sie wollen – auch wenn sie das überfordert. Sie lernen dabei, Entscheidungen zu treffen. Auch meine Eltern sagten mir oft, dass ich, wenn ich groß sei, machen werde können, was ich will. Das ist eine tolle Perspektive. Aber nicht einfach. Herauszufinden, was man will, ist anstrengend, denn man muss sich dafür Wissen aneignen. Aber es zahlt sich aus. Es zahlt sich immer aus, sich anzustrengen.

Frauen, strengt euch an! Überlegt, was euch wichtig ist, und seid selbstbestimmt! Erfindet euch, milliardenfach!

177

KAPITEL 11

WILLKOMMEN IM ANTHROPOZÄN

Unauslöschliche Spuren, außerirdische Geologen,
Hitler, Stalin, Hussein und Trump, Beton und Plastik,
Agent Orange, Antibiotika, bedenkliche Resistenzen,
Wissen im All und Bewusstsein ohne Körper als
Überlebensstrategie.

Der Mensch hat bereits Erfahrung darin, seine eigene Evolution zu gestalten. Auch wenn er sich dessen bis vor Kurzem nicht so richtig bewusst war, sondern der Meinung, dass er ein fertiges Produkt der Schöpfung sei. Das hat sich nun geändert. Denn es ist inzwischen klar, dass er weder die Krone der Schöpfung noch das Ziel der Evolution ist. Das Leben ist vielmehr ein System, das sich selbst organisiert, und die Menschen sind sehr aktive und kreative Elemente in diesem System. Da der Mensch nun in diese Evolution bewusst eingegriffen hat, muss er auch einen Schritt weiter denken und gehen.

Die Evolution ist ein Prozess, der einfachen Regeln folgt. Es gilt nun, diese Regeln zu verstehen. Das Problem dabei ist, dass die Evolution pragmatisch ist: Was sich bewährt, überlebt. Und das ist nicht immer das Wünschenswerte. Das heißt, dass die Entwicklung nicht unbedingt Rücksicht auf menschliche Vorstellungen und Wünsche nehmen wird. Wir könnten uns aber Gedanken darüber machen, wie wir die Zukunft der Menschheit – unsere Zukunft – aussehen lassen wollen.

Wir können uns nicht darauf verlassen, dass die Evolution sich um das Überleben der Menschheit kümmern wird. Das müssen wir schon selber tun.

Es gibt hierfür zwei mögliche Strategien: Entweder wir passen uns selbst an die Umgebung an, wenn diese sich ändert. Oder wir verändern und gestalten unsere Umgebung so, wie sie uns am besten passt. Wir bauen uns Nischen, in denen es uns gut geht und in denen wir einigermaßen sicher sind. Der Mensch verfolgt schon länger beide Strategien. Seine derzeitige Nische ist die Erde. Und die Gestaltung dieser Nische ist so intensiv, dass Geologen dafür bereits ein neues Zeitalter ausgerufen haben: das Anthropozän.

Geologen können bereits voraussagen, dass die Spuren des Anthropozäns auch noch in ein paar Tausend Jahren sichtbar sein werden. Es wird definiert als das Erdzeitalter, in dem der Mensch so starke Veränderungen an der Erdoberfläche herbeiführt, dass diese, solange es die Erde geben wird, in den Gesteinsschichten nachweisbar sein werden. Im Jahr 2000 wurde dieser Begriff von **Paul Crutzen** und **Eugene Stoermer** geprägt, um klarzumachen, welchen Impact der moderne Mensch als geologischer Faktor auf die Erde ausübt. Das Holozän scheint zu Ende zu gehen, jenes Zeitalter, das der Erde seit über 10 000 Jahren ein sehr stabiles Klima beschert hat und möglicherweise eine einzigartige Voraussetzung dafür war, dass der Mensch sich so entwickeln konnte, wie er es getan hat. Es wird unter Geologen derzeit noch debattiert, ob das Anthropozän Teil des Holozäns ist oder wirklich ein ganz eigenständiges geologisches Zeitalter. Klar ist, dass die Menschen sehr viele neue Substanzen erfunden haben, die es vorher nicht gab, und dass sich diese auf der Oberfläche des Planeten ablagern und eine einzigartige Schicht bilden, die Zeugnis des menschlichen Daseins bleiben wird, solange die Erde existiert.

Das Holozän war klimatisch sehr stabil. Mit seinem Ende müssen wir auch damit rechnen, dass das Klima sich drastisch ändern wird.

Was macht der Mensch mit dem Planeten und welche Spuren wird er hinterlassen? Der langsame Beginn des Anthropozäns kann mit dem Beginn der Landwirtschaft und der Abholzung der Wälder festgelegt werden. Mit der Entdeckung und Eroberung Amerikas hat Kolumbus einen entscheidenden Schritt gesetzt und die globale Verbreitung von Kultur beschleunigt. Mit dem Beginn der industriellen Revolution ging es aber erst richtig los: Sobald der Mensch nicht mehr nur seine Muskelkraft zur Verfügung hatte, begann er in einer bisher nie dagewesenen Geschwindigkeit mit der Umgestaltung der Erde nach seinen Vorstellungen. Das enorme Bevölkerungswachstum des 20. Jahrhunderts mit der dazu notwendigen Industrialisierung hat den Prozess schließlich an die Grenzen des Möglichen geführt.

Seitdem enthalten die geologischen Schichten anthropogene – vom Menschen gemachte – Ablagerungen wie neue Mineralien, die es vorher nicht gab, Aluminium, Beton und jede Menge Plastik. Diese Erdschichten enthalten mehr Ruß als zuvor und neuartige anorganische und organische Stoffe, die als Technofossilien bezeichnet werden. Die Erosion der Erdschicht, die Rodung der Urwälder, die Betonierung der Erdoberfläche, der Bau von Staudämmen, die Umleitung von Flüssen und die riesigen Felder mit Monokulturen haben das Bild der Erde nachhaltig und unumkehrbar verändert. Der Nuklearunfall von Tschernobyl ist in den Sedimentschichten nachweisbar. Das Bild der Erde von vor 1000 Jahren ist, verglichen mit jenem von heute, nicht mehr wiederzuerkennen. Die Umgestaltung unserer Nische ist nicht aufzuhalten.

Das kurze, unbedeutende Zeitalter, in dem der Mensch gelebt haben wird (siehe Kapitel 2), hat sich unauslöschlich verewigt. Zumindest solange die Erde noch existiert. Vielleicht werden, viele Tausend Jahre nachdem der jetzige Mensch ausgestorben sein wird, neue intelligente Spezies oder außerirdische Wesen auf die Erde kommen, um diese zu erforschen. So, wie wir nach Spuren der Dinosaurier suchen und hoffen, in den geologischen Schichten die Ursache dafür zu finden, warum sie ausgestorben sein könnten.

Was werden diese extraterrestrischen Geologen in den Sediment-schichten der Erde finden und welche Rückschlüsse werden sie über die Erdgeschichte ziehen? Das Anthropozän wird ihnen spannende Rätsel aufgeben. Welches Bild werden sie vom Homo sapiens erhalten und was werden sie über uns berichten? Werden sie erkennen, dass wir intelligente, kreative Wesen waren?

Das frühe Anthropozän begann mit dem Sesshaftwerden der Menschen, der Landwirtschaft und der Züchtung von Haustieren. Damit begann die Konzentration von Kohlendioxid (CO_2) und Methan (CH_4) zu steigen. Zu dieser Zeit, vor zirka 12 000 Jahren, hat der Mensch bereits die ganze Erde – mit Ausnahme der Antarktika und der südpazifischen Inseln – bevölkert. Die damalige Weltbevölkerung wird auf zwei Millionen geschätzt. Der menschliche Impact war gering, verglichen mit jenem im 20. Jahrhundert. Trotzdem nimmt man an, dass der Mensch bereits damals am Aussterben der pleistozänen Megafauna beteiligt war. Die Kohlendioxidausscheidungen wurden merkbar höher, als die Bevölkerung vor zirka 8000 Jahren auf geschätzte 18 Millionen anwuchs. Erst gegen 1800 unserer Zeitrechnung wurde die erste Milliarde erreicht. Dieser Zeitpunkt ist auch gekennzeichnet durch die industrielle Revolution. Der technologische Fortschritt war enorm und wurde von einer rapiden Beschleunigung des Bevölkerungswachstums und des Ressourcenverbrauchs begleitet.

Um 1950 war die Spitze des Bevölkerungswachstums erreicht, jedoch nicht die des Wirtschaftswachstums. Diese Zeit wird als der Beginn der »großen Beschleunigung« festgesetzt. Es war die Zeit des globalen exponentiellen Wirtschaftswachstums. Mülldeponien begleiten den Städtebau und neue Materialien entstehen sehr rasch. In den letzten Jahrtausenden hatte der Mensch ebenfalls bereits neue Materialien erfunden, etwa Ton, Glas, Ziegel und Kupferlegierungen. Spuren davon findet man weltweit als Zeugnis der menschlichen Migration. Aber diese Spuren sind minimal, verglichen mit den Mengen, die der Mensch in den letzten fünfzig Jahren abgelagert hat. Schon die Römer haben den Beton erfunden, dieser wird aber erst seit dem Zweiten Weltkrieg als häufigstes Baumaterial verwendet. Die Menschheit hat bis heute 50 000 Teragramm (Tg, Millionen Tonnen oder Megatonnen) Beton produziert, die Hälfte davon in den letzten zwanzig Jahren.

Apropos Beton: Spannend ist zu verfolgen, wie Machthaber sich gerne große Bauten als Denkmäler hinstellen lassen. Wir kennen alle die ägyptischen Pyramiden und können die Megabauten der Diktatoren begutachten. Hitler wollte in seiner Bauwut riesige Betonklötze errichten, Stalin sich in Beton verewigen. Sein Sowjetpalast hätte 415 Meter hoch und somit das damals höchste Gebäude der Welt werden sollen. Ebenso hat Saddam Hussein sich eine lächerlich große Moschee – die »Mutter aller Städte« – bauen lassen, um seinen »Sieg« im Zweiten Golfkrieg zu feiern. Dann wurde China zum größten Betonverbraucher und errichtete sich riesige Betonpaläste. Der französische Präsident François Mitterrand war auch nicht zimperlich und baute den Grande Arche in Paris, der in der Stadt zu einem neuen Blickfang wurde. In Bukarest steht das nach dem Pentagon zweitgrößte Verwaltungsgebäude der Welt. In Kuala Lumpur finden sich die höchsten Zwillingstürme. Und derzeit stehen die höchsten Gebäude in Dubai, Tokio, Shanghai, Mekka und Guangzhou, nicht mehr in New York und Chicago. Ich bin schon gespannt, welches Gebäude Donald Trump sich hinstellen wird, falls er als Präsident Amerika wieder »großartig« machen wird. Einen Trump Tower hat er ja bereits. Auch die endlosen Betonsiedlungen rund um die Städte, in denen Tausende Menschen wohnen, sind ein aussagekräftiges Zeugnis der heutigen menschlichen Baukultur.

Neben Beton, der die Erdoberfläche schon zu einem beträchtlichen Teil bedeckt, sind neue organische Polymere, besser bekannt als Plastik, ein anthropogenes Zeichen. 2013 betrug die Jahresproduktion an Plastik 300 Tg – das entspricht ungefähr der derzeitigen humanen Biomasse. Plastik diffundiert ziemlich schnell in Flüsse und Seen und gelangt dann auch schnell in seichte und tiefe Wasserschichten der Meere. Überall sind makroskopische

Plastikstücke, aber auch mikroskopisch kleine Partikel zu finden. Dieses Plastik wird nur sehr langsam, wenn überhaupt, biologisch abgebaut – und wird daher in den Sedimentschichten lange nachweisbar sein. Es kann aber auch sein, dass sich Bakterien oder andere Mikroorganismen entwickeln, die von diesem Plastik werden leben können. Es können neue Spezies entstehen – so etwas kann schnell gehen in der Evolution.

Ein tragisches Beispiel dafür, wie schnell sich die Evolution anpassen kann, ist in Vietnam zu beobachten: Während des Vietnamkrieges haben die Amerikaner »Agent Orange«, ein Herbizid, das den Wald und die Felder zerstören sollte, ausgesprüht. Die Substanz wurde von Monsanto und der Bayer AG hergestellt. Dieses Herbizid ist erst in den 1940er-Jahren entwickelt worden, existierte also vorher nicht. Zwischen 1962 und 1971 wurde es großflächig versprüht, und bereits in den 90er-Jahren konnten Bodenbakterien der Gruppe Pseudomonas isoliert werden, die ein Enzym entwickelt hatten, welches Agent Orange mit kinetischer Perfektion abbauen konnte. Dieses Bakterium war nicht nur resistent dagegen – Agent Orange wirkt gegen Pflanzen –, sondern konnte es ebenso schnell, wie es von den Zellen aufgenommen wurde, wieder abbauen. Die schlimmste Folge seines Einsatzes war, dass Agent Orange mit Dioxinderivaten kontaminiert war. Dadurch sind Hunderttausende vietnamesische Zivilisten erkrankt, und heute noch werden sehr viele Kinder mit schweren Missbildungen geboren.

Ein Beispiel dafür, wie schnell die Evolution arbeiten kann. Es braucht manchmal nicht lange, bis sich neue Eigenschaften in den Lebewesen entwickeln. Bakterien und Pilze sind absolute Weltmeister in der raschen Anpassung. Das am besten bekannte Beispiel ist die Verbreitung von antibiotikaresistenten Bakterien, hervorgerufen durch den hohen Verbrauch an Antibiotika in der Medizin und in der Landwirtschaft. Trotzdem werden diese Substanzen nach wie vor häufig eingesetzt, weil sie kurzfristig gut wirken. Dies zeigt, dass der Mensch auch einen großen Einfluss auf die genetische Zusammensetzung von Bakterien hat. Nicht nur die Haustiere, die er bewusst züchtet (siehe Kapitel 8), verändern sich genetisch, auch die Bakterienvielfalt um ihn herum passt sich an die menschlichen Ausscheidungen an.

Seit 1950 setzen sich neue Marker als Zeichen der großen Beschleunigung in den geologischen Sedimenten fest: Beton, Plastik, Ruß (»black carbon«), radioaktives Plutonium ($^{239/240}$Pu – Isotope des Plutoniums), steigende Konzentrationen an Kohlendioxid (CO_2), Nitrate (NO_3^-) und Methan (CH_4). Die Verbrennung fossiler Materialien hinterlässt unvollständig verbrannte Rückstände, Ruß, anorganische Asche und kohlenstoffhaltige Partikel, die sich in der Atmosphäre verbreiten und sowohl in Sedimentschichten als auch in Gletschereisschichten zu finden sind. Um 1990 summierten sich diese Ausdünstungen der Menschheit auf 6,7 Teragramm pro Jahr. Das Flächenausmaß, das der Mensch verändert hat, macht bereits 50 Prozent der Erdoberfläche aus, das sind vor allem Städte, Mülldeponien und landwirtschaftlich genutzte Flächen. Und es geschieht nicht nur an Land, diese Kultivierung dehnt sich bis in die Meere aus – über die Bebauung der Küsten und die Bohrungen nach Rohstoffen in tiefen Gewässern. Um Mineralien aus der Erde zu gewinnen, verschiebt der Mensch pro Jahr bereits 57 000 Teragramm Material. Das ist mehr als das Dreifache der Masse, die alle Flüsse der Welt pro Jahr als Sediment transportieren. Und jetzt beginnen manche Menschen bereits daran zu denken, Rohstoffe aus dem All zu holen – Meteoriten sind wertvolle Rohstofflieferanten.

Alle diese weitreichenden Veränderungen der Erde – auf ihrer Oberfläche, in der Atmosphäre, in tiefen Gesteinsschichten und in den Meeren – sind dermaßen gewaltig, dass sich eine Arbeitsgruppe gebildet hat, die sich »Anthropocene Working Group« (AWG) nennt, um diese irreparablen Veränderungen zu dokumentieren und das Wissen darüber zu verbreiten. Die AWG hat unter der Leitung von **Colin Waters** 2016 ein sehr übersichtliches Dokument dazu veröffentlicht, das weltweit Beachtung finden sollte.

Aus diesen Fakten kann man vor allem eines lernen: den Müll zu reduzieren, das Recycling ernst zu nehmen und auf Energien umzusteigen, die keine Abfälle produzieren. Es sollte eigentlich zur Grundausbildung jedes Kindes gehören, zu lernen, wie man die Wind-, Wasser- und Sonnenenergie nutzen kann. Der Mensch ist ein Nischenbauer, aber es ist derzeit unklar, ob er dadurch eher sein Überleben begünstigt oder sein Aussterben beschleunigt. Die lebende Natur hat natürlich bereits seit ihrer Entstehung die Erde und die Atmosphäre vollkommen verändert. Der molekulare Sauerstoff (O_2) ist ein Produkt der biologischen Fotosynthese. Wenn der Mensch aber die Pflanzen verdrängt und die Erdoberfläche zubetoniert, kann die Zusammensetzung der Atmosphäre sich wieder so ändern, dass wir nicht mehr atmen können. Wir generieren all unsere Energie durch Atmung und brauchen O_2, um unsere Nahrung zu verwerten.

Ein sehr einfacher Gedanke ist folgender: Wenn alles Leben auf der Erde erloschen sein wird und wir es nicht schaffen, uns in einer Leben unterstützenden Form zu verpacken und ins All zu versenden; wenn also die organisch-biologische Übersiedlung auf andere Planeten nicht möglich ist, könnten wir wenigstens Informationen über uns sichern, damit eventuell andere intelligente Wesen im Universum diese finden. So bliebe zumindest das Wissen über unsere Existenz erhalten. Wir sollten also alles Wissen, das wir für essenziell und wertvoll erachten, speichern und in einer leicht decodierbaren Form ins All schicken, in der Hoffnung, dass dieses gefunden wird. Ist das Wissen über unsere Existenz genug als Überlebensfaktor? Die meisten von uns möchten sich ja »verewigen« – das scheint sehr motivierend zu sein. Wollen wir, dass andere intelligente Wesen erfahren, dass es uns gegeben hat?

Wenn wir das wollen, dann könnten wir einmal überlegen, was wir über den Menschen an nachkommende intelligente Wesen weitergeben wollen. Was würde man einem Außerirdischen über die Erde und die Menschheit erzählen? Manche würden einfach die Bibel, den Koran oder andere weise Bücher verschicken. Ich würde gerne dieses Buch hier versenden. Aber diese Außerirdischen könnten mit Sicherheit nicht unsere Schrift lesen. Ich würde die Information also so verpacken, dass sie sich von selbst wieder entfalten könnte. Oder einen Film verschicken, in einer stabilen Form, oder ganz einfach Bilder. Oder besser die fünfzig erfolgreichsten Romane der Menschheitsgeschichte? Die Geschichte unserer Kriege, unsere Moralvorstellungen oder gar unsere Mythen sind ja ziemlich willkürlich und für einen außerirdischen Naturforscher eher uninteressant. (Für außerirdische Kulturforscher hingegen wären die Funde eine Goldgrube.) Die Genomsequenzen aller Lebewesen unseres Planeten sind da mit Sicherheit viel informativer und spannender.

Würden uns intelligente außerirdische Lebewesen beobachten und müssten sie beschreiben, was auf dem Planet Erde alles los ist: Wir müssten uns wirklich dafür schämen. Diesen Außerirdischen wäre ziemlich schnell klar, dass wir Menschen keine intelligenten Wesen sind, denn sonst würden wir unsere Zukunft nicht zerstören, die Umwelt nicht dermaßen zubetonieren und verschmutzen und uns gegenseitig vernichten. Sie würden annehmen müssen, dass wir Menschen den Begriff Zukunft noch nicht verinnerlicht haben, dass wir keine Wesen mit Selbstbewusstsein und Verständnis für Evolution sind. Aber wir haben ja noch ein bisschen Zeit, die Dinge zum Besseren zu wenden, um einen Modus Vivendi zu finden, der weniger zerstörerisch ist. Wie bringen wir die Menschheit dazu, verstehen zu wollen, wie die Welt funktioniert? Diesen Prozess nenne ich Aufklärung (siehe Kapitel 12).

Dazu gibt es eine fast nach Science-Fiction klingende Geschichte, die aber wahr ist! 1977 hat die NASA zwei Kapseln ins All geschickt, Voyager 1 und 2. Voyager 1 ist das derzeit von der Erde am weitesten entfernte menschliche Artefakt. Die Kapseln enthalten »Voyager Golden Records« mit Nachrichten von uns Menschen an potenzielle Außerirdische. Darauf finden sich Ansprachen des damaligen Präsidenten der USA (Jimmy Carter) und des Generalsekretärs der Vereinten Nationen (Kurt Waldheim). Es wurde Musik von Bach, Mozart und Beethoven, aber auch Rockmusik mitgeschickt. Das Lied »Here Comes the Sun« von den Beatles hätte ebenfalls auf die Reise gehen sollen, aber die Schallplattenfirma EMI war wegen Urheberrechtsfragen dagegen. Bilder von (nackten) Menschen und Tieren durften auch nicht fehlen – die Tatsache, dass die Menschen nackt abgebildet waren, wurde damals kontrovers diskutiert!

Es lohnt sich, sich genau anzusehen, was die Menschen vor fast vierzig Jahren ins All geschickt haben. Das Spannendste in meinen Augen ist die positive Vision und das positive Bild, welches ausgesandt wurde. Der Mensch wurde als etwas außergewöhnlich Schönes und Gutes dargestellt.

Ich denke, dass die Menschheit nicht gleich ganz aussterben wird. Wenn die Bevölkerungsdichte signifikant geringer wird, könnten wir das Anthropozän etwas schonender für die Erde gestalten. Außerdem hätte das den Vorteil, dass sich Viren nicht weiterhin so schnell vermehren, denn sie entstehen nur, wo Menschen auf zu dichtem Raum zusammenleben. Ein Virus breitet sich dann aus, wenn es von einer Spezies auf eine andere übergeht, die keine Antikörper dagegen hat. Es werden also Menschen übrig bleiben, zumindest eine Zeit lang.

Wie auch immer der Homo sapiens zugrunde gehen wird: Er wird letztlich nur einen Wimpernschlag lang gelebt haben, gemessen am Zeitalter des Universums, und das in einem winzig kleinen Teil einer Galaxie, die ein winziger Teil des Universums ist. Das mag kränkend sein. Aber es ist und bleibt die Perspektive, die der Mensch nicht aus den Augen verlieren darf, sollte er sich irrtümlicherweise für zu wichtig halten (siehe Kapitel 2).

Wir sollten unsere Fähigkeit, Dinge zu erdenken, die es nicht gibt, sinnvoll einsetzen und überlegen: Was ist unser Ich? Geht es dabei wirklich um unseren physischen Körper? Oder genügt es, unser Bewusstsein zu konservieren, also unser Gehirn? Das Gehirn braucht Energie und Information. Vielleicht werden wir das ganze Wissen der Menschheit, die ganze Information unserer Geschichte, auf DNA codieren und ins All entsenden. Das bräuchte dann nicht mehr als eine Handfläche Platz. Das wäre unsere Rettung und Hoffnung auf ein unendliches Leben. Eine neue, andere Form des Lebens, die so entsteht. Das Leben, wie wir es kennen, würde in eine rein virtuelle Welt übergehen. Gibt es uns und unsere Ichs dann noch?

Da die Zukunft noch nicht feststeht, ist es nicht sehr sinnvoll, sie vorhersagen zu wollen. Auch wenn es eine der häufigsten Tätigkeiten von Wissenschaftlern ist, Regelmäßigkeiten und Gesetze zu finden, mit denen sie bestimmte Prognosen anstellen können. Viele von uns studieren die Vergangenheit, um Ordnung in die Geschehnisse zu bringen und neue Entwicklungen antizipieren zu können. Viele Menschen interessieren sich dabei vor allem für Ereignisse, die kurz bevorstehen, denn diese könnten sie selbst, ihre Kinder und Enkelkinder betreffen.

Mich interessiert jedoch ein etwas fernerer Blick, der evolutionäre Relevanz haben könnte: Eine der sichersten Voraussagen ist die Entwicklung von Sternen und Planeten. Astrophysiker haben im Universum Milliarden Beispiele zur Verfügung, die sie studieren können, um auch das Schicksal unseres Sonnensystems berechnen zu können. Laut dem Astrophysiker **Stephen Hawking** ist es unausweichlich, dass sich unsere Sonne ausdehnen und dadurch unsere Erde erwärmen wird. Das Wasser wird heiß, bis es vollständig verdampft sein wird; dann ist auf unserem Planeten kein Leben in unserem heutigen Sinne mehr möglich. Die Menschheit wird allerdings nicht daran zugrunde gehen, dass sich die Erde auf 100 Grad Celsius erhitzt. Sie wird sich vermutlich schon wesentlich schneller selbst ausgerottet haben, durch Gifte, Kriege und Seuchen infolge von Überbevölkerung. Das sind zumindest die bisher plausibelsten Szenarien.

Fakt ist aber: In 500 Millionen Jahren wird das biologische Leben auf der Erde in jedem Fall vorbei sein. 100 Millionen Jahre lang sollte es noch gemütlich sein auf der Erde, ab dann wird es zu heiß. Diese Zeitspanne ist für die bisherige Menschheitsgeschichte fast irrelevant (siehe Kapitel 2). Es ist zwar eine sehr kurze Zeit, gemessen an der Existenzdauer des Universums, aber eine wirklich lange Zeit, gemessen an einem Menschenleben – den Homo sapiens gibt es schließlich überhaupt erst seit 100 000 Jahren. Also, meint Hawking, sollten wir neue Planeten ausfindig machen. Auf jeden Fall müssen wir uns um Alternativen kümmern, falls wir länger als 500 Millionen Jahre existieren wollen.

Aus unserem heutigen Wissen um die Entfernung anderer Planeten mag so ein Gedanke reine Utopie sein. Um die Spezies Mensch zu retten, kann ich mir aber gut vorstellen, dass wir unsere DNA so verpacken, dass wir sie ins All verschicken können, gemeinsam mit einem Roboter, der den Menschen dann wieder zum Leben erwecken kann. Wir könnten ja auch unsere Vorfahren wiederauferstehen lassen, den Neandertaler zum Bespiel. Ich finde, das sind wir ihm schuldig. Noch können wir das zwar nicht, aber ich bin fest davon überzeugt, dass die Technologie in nicht allzu ferner Zukunft dazu in der Lage sein wird.

Welcher Aspekt des Menschen wäre es wert, gerettet zu werden? Unsere Gene? Oder unser Gehirn mitsamt dem Bewusstsein? Vielleicht könnten wir unsere Ichs in eine Form bringen, die keine organischen Verbindungen und keinen organischen Stoffwechsel mehr nötig hat. Einfach *in silico*. Ein Bewusstsein, abgekoppelt von unseren heutigen Zellen. Ich finde diesen Gedanken fast banal, so einfach und logisch ist er. Die gesamte Existenzdauer unseres Universums wird auf 10^{80} bis 10^{90} Jahre geschätzt, und wir stehen erst bei 10^{10}. Da ist noch viel möglich.

KAPITEL 12

DIE ZWEITE AUFKLÄRUNG

Licht der Zukunft, Converging Science, Gehirn-Experimente, viele Wege zur selben Erkenntnis, zwei Wellen, Henne und Ei, Form über Inhalt, das Jahrhundert der Wendepunkte, der Gipfel aller Kränkungen und eine einmalige Chance.

»Aufklärung ist der Ausgang des Menschen aus seiner selbstverschuldeten Unmündigkeit.« So formulierte es Kant. Wir müssen erkennen, was *wirklich* der Fall ist.

Wie die Evolution ist auch die Aufklärung kein Zustand, sondern ein Prozess, der nie am Ziel ist. Die Aufklärung muss immer gegen die Kräfte der allgegenwärtigen Gegenaufklärung ankämpfen. Ihre Feinde sind Aberglaube, Fanatismus und autoritäre Ideologien. Gerade im 21. Jahrhundert, in dem die Welt von einer Krise in die nächste schlittert, ist Aufklärung die beste Methode für ein globales Projekt in Richtung Menschenrechte, Frieden und Selbstbestimmung – ein Geschenk der Kulturevolution an die ganze Welt.

In meinen Augen ist Aufklärung die einzige Möglichkeit, auf Dauer in dieser Welt zu bestehen. Es ist der Versuch, die Welt zu verstehen, um sich besser anpassen zu können oder um sich die richtigen Nischen zu bauen. Sich keine Fantasiebilder zu machen, sondern wirklich die Realität, so gut es geht, bestimmen zu wollen. Richtig zu begreifen, wie die Welt funktioniert. Ganz in dem Sinne, dass es uns freisteht, sie zu gestalten. Wir brauchen dringend die zweite Aufklärung, um besser in die Zukunft blicken zu können.

Die Evolution hat kein Ziel. Aber in dem Moment, in dem der Mensch gelernt hat, Dinge zu denken, die es nicht gibt, begann er, sich Ziele zu setzen. Er begann, Ideen zu haben. Er hat aufgehört, einfach in den Tag hinein zu leben, nur zu schauen, dass er zu essen und einen sicheren Schlafplatz hat, sondern begonnen, Dinge in die Zukunft zu projizieren. Es hat »klick« gemacht und das Licht der Zukunft ist angegangen. Welche »Idee« wird die Menschen in Zukunft zusammenhalten?

Derzeit kämpfen viele Disziplinen an den Universitäten in aller Welt ums Überleben. Sie kämpfen um die immer knapper werdenden Ressourcen. Das hat einen sehr großen Nachteil: Statt dass an Lösungsansätzen für die großen Probleme der Menschheit gearbeitet wird, wird um den Fortbestand von Disziplinen und Institutionen gekämpft. Die Universitäten sollten aber gemeinsam an den großen Problemen arbeiten. Alle Disziplinen zusammen. »Converging Science«. Jede Disziplin bringt ihre eigenen Ansätze und Ideen mit. Niemand kocht sein eigenes Süppchen und arbeitet gegen die anderen Disziplinen. Wie entwickeln wir unsere Gesellschaft? Welche Art von Gesellschaft wollen wir? Ist die Gesellschaft noch frei? Ist eine freie Gesellschaft eine Illusion? Jeder sollte seinen Beitrag leisten, um diese Fragen zu bearbeiten. Je vielfältiger die Ansätze, desto eher werden sich brauchbare Lösungen entwickeln. Dabei darf man nicht vergessen, dass die wirklich neuen Entdeckungen meistens zufällig gemacht werden. Um diese Zufälligkeiten wahrnehmen zu können, müssen wir offen sein und möglichst viel wissen.

Da der Mensch zum Gestalter seiner Evolution geworden ist, sollte er sich zumindest im Klaren darüber sein, was er will. Wohin steuert die Menschheit? Was ist ihr Ziel? Die momentane politische Entwicklung weltweit lässt mich nicht ruhen! Die Menschen lassen sich zu leicht aufhetzen, haben Angst. Eine immer stärkere Wut verbreitet sich sowohl gegen demokratisch etablierte als auch autokratische Regierungen, die den Anforderungen einer sich sehr schnell ändernden Gesellschaft nicht gewachsen sind. Die Massen wollen keine langfristigen Konzepte; sie wollen den kurzfristigen, betörenden Konsum und scheinen die Erkenntnisse der Aufklärung nicht einmal ansatzweise wahrzunehmen. Die Zivilbevölkerung ist jetzt angehalten zu handeln – ganz im Sinne eines sich selbst organisierenden Systems (siehe Kapitel 1).

Seit ich mich um ein klares Weltbild bemühe, ist meine wichtigste Erkenntnis ein Gedanke, der mich, je mehr ich darüber sinniere, immer mehr überzeugt: die Tatsache, dass wir uns so entwickeln können, wie wir wollen. Wir sollten dafür halt wissen, was wir wollen, nicht nur für uns persönlich, sondern für die ganze Menschheit. Wir müssen das globale Element finden, das alle Menschen verbindet. Uns nicht darauf konzentrieren, was uns trennt. Der Weg dorthin führt über Bildung und über die Fähigkeit, selbstständig zu denken. Die Erkenntnis, dass das Gehirn sich von unserem Willen formen lässt, ist die Voraussetzung dafür, dass diese Experimente gelingen. Das haben Menschen schon vor vielen Jahrhunderten bemerkt. Meditieren, Fasten, um das Gehirn anzuregen, Hypnose, bewusstseinserweiternde Drogen: Der Mensch experimentiert gerne mit seinem Gehirn. Das Gehirn, das sich selbst entwickelt.

Die erste Welle der Aufklärung war vom Denken geprägt, nicht vom Experiment. Seit mehr als hundert Jahren wird akribisch an der zweiten Aufklärung gearbeitet und Fakten werden klar herausgearbeitet. Diesmal geht es nicht um reine Denkübungen, sondern um exakte Experimente, die unsere Tendenz zum Irren möglichst gering halten sollen. Doch es ist erstaunlich, wie sehr die Menschheit sich gegen diese Aufklärung auflehnt. Wieso ist das so? Sind die neuen Entwicklungen der Wissenschaften zu extrem und die Transformationen in der Gesellschaft zu schnell? Oder sind die Ideen, welche die Entwicklung der letzten 5000 bis 10 000 Jahre geprägt haben, so stark, dass sie nicht mehr entbehrlich sind? Kommen wir von unseren Ideen und Kopfbildern nicht mehr los, um Raum für neue Bilder zu schaffen? Oder sind diese Ideen dermaßen identitätsstiftend, dass Menschen sie nicht aufgeben können, ohne ihre Identität und den »Sinn« ihres Lebens zu verlieren?

Werden Ideen irgendwann so stark in unser Bewusstsein integriert, dass sie fester Bestandteil unseres Seins sind?

Kürzlich habe ich zwei Stunden lang mit einer jungen Frau diskutiert, die sehr religiös war. Sie war sehr gebildet, reflektiert und hatte eine klare Vorstellung von ihrem Weltbild. Sie hält am kanonischen Gottesbild des Katholizismus fest. Gott ist ein fester Teil ihres Weltbildes. Ihre Aussage, dass sie es unerträglich fände, wenn es keinen Gott gäbe, fand ich bemerkenswert. Sie betonte, dass sie keinen Tag länger leben wollte, sollte sie zu der Erkenntnis kommen, dass es keinen Gott gebe. Dann wäre alles sinnlos. Sie will eindeutig, dass es einen personifizierten Gott gibt, der verzeiht und barmherzig ist. Sie will es einfach. Und daher muss es so sein. Gleichzeitig ist sie auch sehr skeptisch gegenüber den modernen Wissenschaften und der Medizin und möchte keine Medikamente nehmen, obwohl sie es, wie sie mir erzählte, aus gesundheitlichen Gründen nötig hätte.

Ich möchte diese Frau als Beispielfall analysieren, um zu verstehen, wie manche Menschen denken, handeln und sich aus eigener Entscheidung der modernen Wissenschaft, der Aufklärung und dem daraus resultierenden Weltbild verschließen: Diese Frau ist offen für neue Impulse und sehr aktiv in der eigenen Weiterbildung und in der katholischen Jugendbewegung; sie gibt also ihr Weltbild jungen Menschen weiter. Die Evolution akzeptiert sie zwar sehr wohl, sie möchte aber streng der katholischen Doktrin folgen. Diesen Widerspruch erkennt sie nicht, auf jeden Fall stört es sie nicht, dass ihr Weltbild widersprüchliche Elemente beinhaltet. Solche Widersprüche sind ja auch allgegenwärtig und ebenso wie Wissenslücken schwer zu beseitigen. Jedenfalls ist ihr Ansatz zu respektieren. Die Religion und der Glaube an ein Leben nach dem Tod sind ihr Grundkonzept für die Überlegung, wie Handlungen zu setzen sind.

Der Glaube an ein Leben nach dem Tod kann ein sehr effizientes Nachhaltigkeitswerkzeug sein. Nicht nur eine große Stütze in der Sinnfindung fürs Leben. Für die Evolution ist es wahrscheinlich egal, auf welchem Weg man zur Erkenntnis kommt, dass wir in unserem Denken und Handeln nachhaltiger werden müssen. Papst Franziskus meint in seiner Enzyklika zum Umwelt- und Klimaschutz, dass Gott den Menschen die Erde geschenkt habe, und deswegen seien sie für die Erde verantwortlich. Der erste Teil der Aussage ist in meinen Augen ein absolutes »No-Go«; die Folgen dieser Aussage sind aber vernünftig, weil sie den Menschen die Verantwortung für ihre Handlungen übertragen. Das ist ein möglicher und wahrscheinlich sogar sinnvoller Ansatz, um etwas in Bewegung zu setzen. Zum selben Ergebnis kommt man, wenn man über den Weg der Aufklärung erkennt, dass der Mensch sein eigenes Schicksal in die Hand genommen hat und nun so mächtig geworden ist, dass die Zukunft unseres Planeten mit allen seinen Lebewesen ebenfalls in seinen Händen liegt. Es mögen viele Wege zu dieser Erkenntnis führen – das ist sehr tröstlich. Es muss also nicht nur einen Weg geben – ganz in dem Sinn, dass die Vielfalt eine evolutionäre Erfolgsstrategie ist.

Die Entdeckung der Unwissenheit war der Ursprung der Aufklärung. Dieses Zeitalter der Aufklärung war sehr prägend für einen Teil der Menschheit: In Europa war es der Beginn des wissenschaftlichen Zeitalters. Mit der Aufklärung rückte die Beobachtung in den Mittelpunkt der Wissenschaften: Ihre Schlüsse müssen diesen Beobachtungen gerecht werden. Dafür muss man die Naturgesetze durch Beobachtung entdecken und versuchen, sie zu verstehen und zu beschreiben. **Isaac Newton** gilt hier als der Vordenker. Er verstand es, Naturgesetze wahrzunehmen. Er begründete die Gravitationstheorie und die moderne Optik. Alexander Pope würdigte Newton Ende 1727 mit der Metaphorik der neuen Epoche: »Nature and nature's law lay hid in night. God said, ›Let Newton be‹ and all was light.« (»Natur, Naturgesetze im Dunkeln sah man nicht. Gott sprach: ›Es werde Newton!‹ Und es ward Licht.«) Das ist natürlich ein schöner aufklärerischer Gedanke.

Über viele Jahrhunderte galt es als ausreichend, die Inhalte von heiligen Büchern zu studieren. Man ist ja auch heute noch teilweise der Meinung, dass es genüge, die Bibel, den Koran, den Talmud oder die Thora zu studieren, um alles Wissenswerte zu kennen. Auch die Veden, die Sutras oder das Tao Te King enthalten Anweisungen zu einem ethischen Leben und soziale Gebote. Es galt lange die Meinung, dass das, was nicht in diesen Schriften stehe, nicht wert zu wissen sei. Und vor allem, dass man diese heiligen Texte nicht ändern dürfe, weil sie von Göttern inspiriert worden seien. Da das Wissen über die Natur zur Zeit ihrer Entstehung sehr gering war, enthalten diese Schriften natürlich kaum naturwissenschaftliche Erkenntnisse. Es war daher ein riesiger Schritt, als am Ende des Mittelalters die menschliche Unwissenheit erkannt wurde und dadurch der Weg frei war, nach wahrer Erkenntnis zu streben. Durch eigene Beobachtungen und Beweisführungen. Das war ein entscheidender Augenblick in der Geschichte der Menschheit und hat die Neuzeit eingeläutet.

Der Mensch möchte die Erleuchtung, er möchte mündig werden. Er möchte – wie Kant schon sagte – seiner selbst verschuldeten Unmündigkeit entwachsen. Was ich momentan in der wissenschaftlichen Welt beobachte, beunruhigt mich deshalb: Es gibt Wissenschaftler, die in einflussreichen Positionen sitzen, ausgezeichnet in ihrem Fachgebiet sind – und gläubig. Die gerne jene Metaphysik nach vorne bringen wollen, die Mythen hin und her wälzen und die Lebenswissenschaften am liebsten verbannen würden. Auf der Homepage eines solchen hochrangigen Wissenschaftlers habe ich folgenden Satz gelesen: »Wir müssen uns wohl von dem naiven Realismus, nach dem die Welt an sich existiert, ohne unser Zutun und unabhängig von unserer Beobachtung, irgendwann verabschieden.« Dieser Satz bedeutet, dass es anscheinend nur das gibt, was wir beobachten können. Das bedeutet wohl auch, dass das Universum erst dann begonnen hat zu existieren, als der Mensch begonnen hat, es zu beobachten. Das ist Antiaufklärung pur, eine Kehrtwende in Richtung Verdunkelung. Die Natur existiert auch ohne uns. Es gibt die Welt und deren Naturgesetze, ganz unabhängig von unserer Existenz! (Kategorie eins, siehe Kapitel 4) Und: Es gibt den Planeten Erde und auf ihm seit 3,8 Milliarden Jahren Leben, viel länger, als es den Menschen gibt, der es hätte beobachten können. Es ist lächerlich zu sagen: Es gibt nur das, worüber wir Informationen haben. Das ist nicht Naturwissenschaft, sondern der Versuch, eine neue Religion aufzubauen. Ein Konstrukt, das nicht auf Tatsachen fußt. Ich halte das für verantwortungslos. Es ist ein Kokettieren mit der Metaphysik, um sich religiösen Machtstrukturen anzubiedern. Was wahrscheinlich wieder eine Kränkung ist, ist die Gewissheit, dass, wenn der Mensch ausgestorben sein wird, unser Universum noch 10^{80} Jahre weiterexistieren wird, ohne dass es Menschen gibt, die es »beobachten« können.

Die Aufklärung hat die Entwicklung der Menschheit stark beeinflusst. Wir sind seither – in drei Jahrhunderten – von 500 Millionen auf 7 Milliarden angewachsen. Evolutionär betrachtet war die Aufklärung eine Zeit der Vermehrung, der Amplifikation, mit sehr geringem Selektionsdruck. Eine Wachstumsphase. Heute sehen wir die Folgen dieses extremen Wachstums: Es gibt nicht für alle Menschen genügend Ressourcen, und der Wettbewerb, der um die vorhandenen entbrennt, ist brutal. Die Verteilung ist schlecht. Mit der Erfahrung der letzten Jahrhunderte, mit den sozialen Revolutionen und den zwei Weltkriegen, hätte man doch erwarten können, dass die Menschheit gelernt hätte, zu denken. Ich dachte, der Kampf um die Ressourcen würde zu einer rationalen Diskussion führen, bei der die Ärmeren, die einfach unfair behandelt werden, weil sie keinen Zugang haben, einfordern, dass sie mehr bekommen. Stattdessen sehen wir eine vollkommen grenzenlose Gier der Reichen nach noch mehr Reichtum und eine wachsende Wut und irrationale Aggression und Panik, die direkt zurück in voraufklärerische Zeiten führen können.

Was das 21. Jahrhundert für mich bisher ist: das Gegenteil davon, was vor zwei- bis dreihundert Jahren passiert ist. Ich war der Meinung, dass wir die Dinge jetzt besser verstehen und rational bewerten können. Dass wir in der Lage sind, Regeln aufzustellen, die gut sind und halten. Darum geht es doch eigentlich. Geht das Licht jetzt wieder aus? Gerade zu einem Zeitpunkt, an dem die Wissenschaft kurz davor ist, wirklich viel zu verstehen? Wieso gibt es diese Gegenbewegung? Ist die Phase des Wachstums – in der Evolution nennen wir diese Amplifikation – zu Ende? Wird jetzt die Selektion wieder stärker? In den letzten 200 Jahren war die Selektion gering, da die Wirtschaft gewachsen ist und immer mehr Ressourcen mobilisiert wurden. Jetzt befindet sich die Verteilung dieser Ressourcen in einer extremen Schieflage und der Konkurrenzkampf nimmt zu. Auch die Irrationalität und der religiöse Extremismus wachsen. Eine starke antiaufklärerische Bewegung.

Dazu gibt es eine Studie der **Richard Dawkins** Foundation. Es wurde der Glaubenszustand auf der Welt analysiert und die Menschen in Gläubige, Nicht-Religiöse und echte Atheisten eingeteilt. Die Atheisten machen 11 % der Weltbevölkerung aus, die Religiösen sind 63 %. Spannend finde ich die Unterschiede zwischen den verschiedenen Ländern. In Japan, Schweden und Tschechien sind fast 90 % nicht-religiös bis atheistisch. In Thailand nur 1 %, in Bangladesch gibt es gar keine Atheisten. Die Menschen dort kommen gar nicht auf die Idee, dass man das infrage stellen könnte.

Wie könnte die zweite Aufklärung aussehen, wo doch alles gesagt ist und alle Informationen da sind? Es ist paradox, weil die Entwicklung offenbar gegenläufig ist: Je mehr Information, je mehr Bildung wir haben, desto eher neigen wir dazu, wieder in die Umnachtung zu verfallen. Gibt es zu viel Information? Zu viel Information macht blind, wenn Menschen die Wichtigkeit der Fakten nicht deuten können. Es gibt auch bewusst zu viel Desinformation. Es ist oft schwer, zwischen Information und Werbung zu unterscheiden. Aus welcher Unmündigkeit soll sich der Mensch jetzt befreien?

Pessimisten sprechen vom Ende der Aufklärung.

In der ersten Aufklärung (die vielleicht nur eine erste Welle ein und derselben Aufklärung war) ging es darum, überhaupt an die Information zu gelangen. Wichtig waren die Einführung der

Schulpflicht, das Verbot der Kinderarbeit und die Öffnung der Universitäten für alle, auch für Frauen. Jetzt liegt die Information vor uns, rund um die Uhr abrufbar. Und nun geht es darum, wie der Mensch mit dieser ihn anscheinend überfordernden Flut an Information umgehen lernt. Das ist der Kern der zweiten Aufklärung (oder der zweiten Welle): Verantwortung für den Umgang mit den Informationen zu übernehmen. Verantwortung auch für unsere Kinder: Wie müssen wir sie ausbilden? Welche Fähigkeiten müssen wir ihnen mitgeben, damit sie mit der Zukunft umgehen können und in der Lage sind, sich eigenständige Meinungen zu bilden, um die Realität von Religion, Propaganda, Ideologie und Werbung unterscheiden zu können? Die allgegenwärtige Flut an Information vermischt mit Desinformation verwirrt die Menschen.

Der Wissensstand, die Technologien und damit auch die Welt ändern sich so schnell, dass ich bezweifle, dass wir Erwachsene überhaupt in der Lage sind, zu wissen, welche Fähigkeiten wir unseren Kindern beibringen sollen. Der Mensch wird leicht zum Konsumenten degradiert und so manipuliert, dass er bestimmte Dinge kauft. Das ist nicht per se schlecht – solange er seinen Willen behält und wirklich nur das kauft, was er braucht. Frustrierend ist, wenn man die rasante Entwicklung der neuen Technologien sieht und beobachtet, wie wir von ihnen abhängig werden. Soll der Mensch für die Wirtschaft geformt werden – oder soll sich die Wirtschaft nach den Bedürfnissen der Menschen richten? Das ist eine Henne-und-Ei-Frage. Wenn die Wirtschaft den Menschen vernichtet, geht sie selbst zugrunde. Wenn Menschen die Wirtschaft vernichten, gehen auch viele Menschen zugrunde.

Die Aufklärung ist wichtig für unser humanistisches Weltbild. Eine wichtige Frage ist, was wir Menschen brauchen werden, um in zwanzig, dreißig Jahren auf dem Arbeitsmarkt zu überleben. Welche Fähigkeiten werden uns dort abverlangt? Meine Prognose ist: Die Jobwelt wird sich in zwei Lager spalten. Die einen, die diesem globalen Netzwerk standhalten, sich manipulieren lassen und immer mehr Geld anhäufen werden. Und die anderen, nennen wir sie Aussteiger, die sich ausklinken und sich selbst kleine Bereiche schaffen, sich auf die Dinge konzentrieren, die sie wirklich zum Leben brauchen, und kleine Firmen gründen, kleine Nischen schaffen, in denen sie sich selbst wiederfinden und erfinden können. Für jemanden, der bereit ist, zu denken, der intellektuell ist, wird dies das qualitativ hochwertigere Leben sein. Es werden wieder viele verschiedene Gesellschaften entstehen, welche sicherlich eine bereichernde Vielfalt darstellen.

Die erste Aufklärung war ein echtes Aha-Erlebnis. Jetzt, in der zweiten Aufklärung, wird es gefragt sein, mit den Fakten umzugehen. Die zweite Aufklärung wird sich um die Verantwortung der Menschen für den Planeten drehen. Wir wissen schon so viel. Wir haben schon erkannt, dass wir die Verantwortung dafür tragen, was mit der Erde und ihren Lebewesen passiert. Weil es nicht mehr genügt, nur zu wissen. Das Wissen kann sich jeder aneignen. Die Frage ist jetzt: Wie gehen wir mit dem Wissen um?

Ich denke, dass es eine Bringschuld ist, Verantwortung zu übernehmen. In der Wissenschaft ist dies derzeit ein heißes Thema. Es geht darum, ob es überhaupt möglich ist, dass Wissenschaftler Verantwortung tragen, weil sie durch die Administration und all das Regelwerk, innerhalb dessen sie sich bewegen müssen, so sehr eingeschränkt sind. Der Einzelne hat keinen Entscheidungsspielraum mehr. Weil das Regelwerk sich verselbstständigt, so dominant wird, und jeder irgendwann nur noch das tun kann, was der Computer erlaubt, er nur noch das anklicken kann, was ihm angeboten wird. Die Verantwortung des eigenständigen Handelns wird uns Wissenschaftlerinnen mehr und mehr abgenommen. Muss man mit der Welle der Wissensschaffung mit all ihren Regeln für Finanzierung, Veröffentlichung, Patenten und Lehre mitschwimmen, um überhaupt in der Forschung bleiben zu können? Die Vereinheitlichung der Art und Weise, wie zurzeit Wissenschaft betrieben wird, fördert weder die individuelle Kreativität noch die Vielfalt. Das gilt ebenso für alle Bereiche der Wirtschaft und sollte uns zum Nachdenken bringen.

200

Eine Antwort dazu liefert **Hannah Arendt**. In ihren Vorlesungen über die Banalität des Bösen wird klar, worum es bei Bildung und Aufklärung geht: um die Urteilskraft jedes Einzelnen. Ebenso um die menschliche Fähigkeit, sich in die Lage eines anderen zu versetzen. Empathie für den Nächsten und Empathie für alle Mitmenschen aufzubauen. Die reflektierende Urteilskraft ist eine Notwendigkeit, die in allen Lebenslagen zu gelten hat. Es ist nicht zulässig zu sagen: »Ich erfülle nur meine Pflicht« oder »Das ist mein Job«. Die Verantwortung für seine Handlungen zu übernehmen, erfordert die Fähigkeit, zu beurteilen, ob die Handlung moralisch in Ordnung ist. Das inkludiert auch die Pflicht zum Ungehorsam.

Wie kann man heute wichtige Inhalte vermitteln? Derzeit ist in meinen Augen die Selbstdarstellung zu dominant. Die Form wird wichtiger als der Inhalt. Mir ist das kürzlich in der Oper aufgefallen: Der Inhalt des Stückes war, dass zwei Männer zwei Frauen reinlegen wollen, sie verarschen, erniedrigen und verletzen. Darüber haben sie wunderschön gesungen. Die Leute beklatschen die Form, sie blenden den Inhalt aus. Sie sind so sehr auf die Form fixiert, dass sie nur noch diese wahrnehmen und nicht mehr den Inhalt. Sie sind sich dessen schon bewusst, dass der Inhalt vieler Opern nicht mehr zeitgemäß ist und wir heute nicht einmal ansatzweise so handeln könnten. Geklatscht wird allein für die Darstellungsform. Wir sind geübt darin, Inhalte auszublenden.

Wir sind auf den ersten Anschein getrimmt. Darauf, dass wir ständig Lob erfahren. Wie sich Lob auf die Einstellung zu bestimmten Tätigkeiten auswirkt, wurde in einer Studie untersucht: Kinder wurden in drei Gruppen eingeteilt. Den Kindern in der ersten Gruppe gab man drei Bücher und versprach eine Belohnung, wenn sie die drei Bücher lesen. Den Kindern der zweiten Gruppe gab man die Bücher, sagte nichts über ein Geschenk, belohnte sie aber, als sie die Bücher fertiggelesen hatten. Und die dritte Gruppe bekam die Bücher ohne jede Aussicht auf Belohnung. In dieser Motivationsstudie sollte gemessen werden, wie oft ein viertes, ein fünftes oder ein weiteres Buch gelesen wird. Das Ergebnis war, wenn man länger darüber nachdenkt, eigentlich klar: Die Kinder der ersten Gruppe lasen ihre drei Bücher und danach kaum eines mehr. Die der zweiten Gruppe nahmen signifikant öfter ein viertes oder fünftes Buch zur Hand, und in der dritten Gruppe, die von der Belohnung gar nichts wusste, wurde viel gelesen. Das heißt: Wenn man auf Belohnung und Anerkennung getrimmt ist, ist das der alleinige Antrieb, nicht die Freude an der Tätigkeit.

Wir haben die Evolution revolutioniert! Es gilt nicht mehr nur, dass Bewährtes sich durchsetzt und Nicht-Bewährtes verschwindet. Weil es immer wieder vorkommt, dass Altes, das sich überlebt hat, aus kulturellen oder religiösen Gründen auf künstliche Weise konserviert wird. So halten viele Menschen an veralteten Vorschriften fest, weil oft an die Weisheit früherer Zeiten geglaubt wird. Warum sollten die Bibel und ihre Tafeln Tausende Jahre lang unverändert gültig bleiben, wenn die Rahmenbedingungen einfach nicht mehr dieselben sind?

Wir haben immer wieder gelernt, dass die Welt eben so ist, wie sie ist. Da könne man nichts machen. Ich möchte hier **Egon Friedell** zitieren: »Die ersten vierzig Jahre seines Lebens verbringt man damit, Dinge zu lernen und wiederzugeben, und die nächsten vierzig Jahre verbringt man damit, diese Dinge zu hinterfragen, um dann draufzukommen, dass das ja alles nicht so stimmt.« So zerbreche ich mir derzeit mehr denn je den Kopf, mit dem Verlangen, die Welt zu verstehen, nur um draufzukommen, dass sich ständig alles ändert. Regeln und Gesetze, die einmal gegolten haben (dabei meine ich nicht nur von Menschen gemachte Regeln) und gut waren, werden unter anderen Bedingungen wieder sinnlos und unbrauchbar. Genauso verhält es sich mit der ganzen Welt. »Panta rhei«, alles ist in Bewegung. So müssen auch wir uns bewegen, körperlich und geistig, und immer neue Lösungen zu neuen Problemen finden.

Nach dem Prinzip der sich selbst ordnenden Systeme (siehe Kapitel 1) werden nur jene Gesellschaften gut und stabil sein, in denen Regeln und Gesetze von vielen kommen, von der Basis, und wenn sie evolvieren und rational als gute Ideen angenommen werden. Nur dann werden sie auch befolgt. In dem Moment, in dem Regeln vorgegeben werden, die niemand nachvollziehen kann, entstehen Zorn und Ohnmacht. Die Menschen wehren sich und es muss immer mehr Gewalt angewendet werden, um die Regeln durchzusetzen. Und irgendwann wandelt sich die Ohnmacht in Gewalt und das System fällt auseinander. Revolutionen waren selten nachhaltig, obwohl sie notwendig und logisch waren. Die Menschen brauchen Regeln, die sie nachvollziehen und für sich anpassen können. Deshalb haben hierarchisch strukturierte Gesellschaften und Diktaturen immer ein Ablaufdatum.

Man hätte annehmen können, dass es mit der Aufklärung, die auf vernunftbegründete Menschenrechte baut, keine Kriege mehr geben sollte. Die beiden Weltkriege waren ein Beweis, dass die Aufklärung gescheitert war – oder zumindest nicht überall angekommen war, wo sie notwendig gewesen wäre. Im 21. Jahrhundert wird sie nötiger denn je, denn mit den andauernden Krisen und Wendepunkten brauchen Menschen eine nachhaltige globale Strategie. Dazu ist eine globale Aufklärung notwendig. Das Internet, welches alle Menschen in Echtzeit verbinden kann, ist das ideale Medium dazu. Wir brauchen die Idee, die alle an einem Strang ziehen lässt.

Krisen sind Wendepunkte. Das 21. Jahrhundert ist und bleibt ein Jahrhundert der vielen Wenden, bedingt durch anhaltende Krisen: die Angriffe auf das World Trade Center in New York, genannt 9/11, waren der erste Höhepunkt, bereits im Jahre 2001. Dieses Ereignis destabilisierte weite Teile der USA und Europas, und diese Krise markiert den Beginn der Politik der Angst. Viel Vertrauen ging verloren, als die USA in den Irak einmarschierten und dieses Land ruinierten, sodass es heute eine Spielwiese der Daesch-Islamisten ist. Es folgte 2008 der Beginn einer Weltwirtschaftskrise mit der Pleite der US-Investmentbank Lehman Brothers. Zuvor hatte es den Anschein, dass Regierungen mit öffentlichen Geldern die Pleiten von Banken verhindern könnten. Der Schuldenberg von Lehman Brothers wird auf 200 Milliarden Dollar geschätzt. Das war der Beginn jener Zeit, als Bürger und Investoren das Vertrauen in das Bankenwesen zu verlieren anfingen. Ich möchte daran erinnern, dass Geld an sich keinen Wert hat (siehe Kapitel 4). Das Geldwesen funktioniert nur, wenn die Menschen Vertrauen haben und ein starker Machtapparat den Wert des Geldes garantieren kann.

Die Tsunami-Welle in Fukushima war ein weiterer Schock, der die Menschheit wachrüttelte und deutlich machte, dass vieles sehr schnell instabil werden kann. Der Arabische Frühling brachte zuerst Hoffnung auf positive Veränderung, und dann wurde klar, dass Demokratie nicht einfach schnell erlernt werden kann, denn dazu braucht es Bildung und Vertrauen. Die Ukrainekrise, die Griechenlandkrise. Der grausame Bürgerkrieg in Syrien bewirkt einen Flüchtlingsstrom, der Europa in die Krise treibt. Wenigstens die Ebolakrise scheint überwunden. Was die Menschen über viele Jahrzehnte mit enormem Einsatz aufgebaut haben, nämlich eine auf Aufklärung begründete Demokratie, scheint schnell zerstörbar.

Die Selbstzerstörung ist Bestandteil sich selbst ordnender Systeme. Systeme, die sich unkontrolliert entwickeln, laufen Gefahr, sich selbst zu vernichten. Das bedeutet, dass die meisten Systeme mit der Zeit lernen müssen, wie sie mit ihrer Umwelt in Balance kommen. Das geht nur durch Versuch und Irrtum. Die Menschheit als eine sich selbst ordnende Gesellschaft ist ein Paradebeispiel eines Systems, welches viele schwerwiegende Irrtümer begeht. Einer dieser Irrtümer ist die ideologisch geprägte Meinung, dass »mehr« mit »besser« gleichzusetzen sei. Die nicht enden wollende Liste an Krisen, die sich im 21. Jahrhundert aneinanderreihen, bietet spannende Beispiele, die leicht zu analysieren sind. Unsere Wirtschaft baut auf Wachstum auf. Das hat die letzten zweihundert Jahre lang gut funktioniert, aber jetzt gerät sie in Stress, weil sie in eine Phase des Nicht-Wachstums oder sogar in eine Rezession übergehen wird müssen. Das ist aus der Entfernung betrachtet aber nicht wirklich ein schwerwiegendes Problem, sofern sie sich an die neuen Rahmenbedingungen anpassen kann.

Welche Erkenntnis ergibt sich aus der gnadenlosen Aufklärung? Der Mensch ist im Grunde überflüssig. Es ginge auch ohne ihn alles seinen Weg – wenn nicht sogar besser. Das ist der Gipfel aller Kränkungen. Der Mensch sieht sich gerne als wichtig, ja, sogar als unentbehrlich. Ob es uns gibt oder nicht, spielt aber keine große Rolle. Es gibt uns nun einmal, das ist eine nicht zu leugnende, für uns erfreuliche Tatsache. Aus dieser eindeutigen Tatsache heraus können wir überlegen, ob wir das als einmalige Chance wahrnehmen oder als Bürde. Wir haben den Luxus, etwas aus dieser Tatsache machen zu können. Vieles ist möglich. Es hängt von uns Menschen ab, was wir aus der Tatsache machen, dass das Leben ein sich selbst ordnendes System ist – mit allen seinen Konsequenzen.

Wir können ob dieser Erkenntnis unter der Last der Verantwortung zusammenbrechen, nervös werden und klagen. Wir können uns aber auch anstrengen und an dieser einzigartigen Erfindung mitwirken, an der Erfindung des Menschen. Wir können Strategien entwickeln, die es uns leichter machen, einen Sinn und einen Weg im Leben zu finden – aber am Ende bleibt uns nichts anderes übrig, als einzusehen, dass wir entbehrlich und überflüssig sind.

Ohne Aufklärung werden wir es nicht schaffen, die Evolution zu überlisten. Das wird uns nur dann gelingen, wenn wir eine richtig gute Erfindung machen: die Erfindung von Menschen, die genug Wissen verarbeiten können, um sich der Komplexität des Universums anzupassen und dabei die Evolution neu zu erfinden.

HELDiNNENGALERIE

Die Menschheit hat sehr viele außergewöhnliche AkteurInnen hervorgebracht. Menschen, die imstande waren und sind, Neues zu schaffen; Dinge zu denken, welche wichtige Änderungen in der Evolution des Menschen bewirkt haben. Hier ist nur eine kleine Auswahl. Die Menschen, die ich hier vorstelle, haben mich inspiriert, dieses Buch zu schreiben.

Joshua Akey ist Populationsgenetiker an der University of Washington in Seattle. Er vergleicht die Genome menschlicher Populationen, um grundlegende Fragen der Biologie und der Evolution zu behandeln. So wissen wir heute, dass nicht nur Neandertaler sich mit modernen Menschen gepaart haben, sondern auch die Denisova-Menschen. Ihre Spuren finden wir in der heutigen Bevölkerung von Melanesien.

Peter Altenberg (1859–1919) war ein österreichischer Poet und Denker, der eine wesentliche Rolle bei der Erfindung des modernen städtischen Menschen gespielt hat.

Jeanne d'Arc (1412–1431), eine französische Nationalikone, wird als Jungfrau, Märtyrin und Heldin verehrt. Im Hundertjährigen Krieg kämpfte sie gegen England und Burgund, ging in die Schlacht und begleitete die Truppen des Thronerben zu einem Sieg. Sie wurde als 19-Jährige von der Kirche wegen Aberglaubens und Verbrechen gegen die göttliche Majestät verurteilt und am Scheiterhaufen verbrannt. Die Kirchenmänner wollten diese junge

207

Frau nicht dulden. Sie war ihnen zu stark. Sie steht stellvertretend für viele Frauen, die zu mehr fähig waren, als es für eine Frau vorgesehen war.

Hannah Arendt (1906–1975), eine in Deutschland geborene Philosophin und politische Theoretikerin, war jüdischer Abstammung und emigrierte 1933 in die USA. Berühmtheit erlangte sie mit ihren Abhandlungen zum Prozess gegen Adolf Eichmann in Jerusalem, in denen sie den Begriff der »Banalität des Bösen« prägte. Daraus geht auch die von ihr postulierte Pflicht zum Ungehorsam hervor, die Forderung, die Verantwortung für seine Handlungen zu tragen und das Urteilsvermögen darüber zu entwickeln, ob diese Handlungen moralisch in Ordnung sind.

Ludwig Boltzmann (1844–1906) war ein österreichischer Physiker und Philosoph. Er beschäftigte sich mit allen möglichen Bereichen der Physik, als besonders bedeutend gilt aber seine Arbeit über die Thermodynamik. Seine berühmte Formel $S = k \log W$ (k wird als Boltzmann-Konstante bezeichnet) ist auf seinem Grabstein am Wiener Zentralfriedhof eingraviert. Seine Pionierleistung bestand darin, die Entropie als Eigenschaft eines Systems zu definieren und sie mit der Wahrscheinlichkeit zu verbinden, dass Mikrozustände sich in Makrozuständen äußern – eine grundlegende Voraussetzung dafür, das Leben als genetisch gesteuertes System definieren zu können. Ludwig Boltzmann litt an »Nervenschwäche« und erhängte sich mit 62 Jahren in seinem Hotelzimmer im Sommerurlaub in Duino.

Emmanuelle Charpentier (geboren 1968) ist eine französische Mikrobiologin, die an der Université Pierre et Marie Curie und am Institut Pasteur in Paris studierte. Derzeit ist sie Direktorin des Max-Planck-Instituts für Infektionsbiologie in Berlin. Sie führte zusammen mit **Jennifer Doudna** jene Arbeiten durch, die zur Entdeckung der Aktivität des Cas9-Proteins für das

CRISPR-System führten. Damit ist sie ein Paradebeispiel dafür, wie bahnbrechende Entdeckungen und Erfindungen zufällig gemacht werden. Sie forschte an regulatorischen RNAs im Bakterium Streptococcus pyogenes und machte dann die wichtigste Entdeckung, die zur Erfindung der Technologie der Genomeditierung führte. Sie wurde bereits mit allen erdenklichen Preisen ausgezeichnet und es ist anzunehmen, dass sie den Nobelpreis erhalten wird.

Paul Josef Crutzen (geboren 1933) ist ein niederländischer Meteorologe. Er gilt als einer der Pioniere in der Erforschung des Ozonlochs. Zusammen mit **Eugene F. Stoermer** (1934–2012) führte er den Begriff des Anthropozäns ein, der geochronologischen Epoche, in welcher der Einfluss des Menschen direkt in der Geologie der Erde sichtbar wird.

Marie Skłodowska Curie (1867–1934) ist doppelte Nobelpreis- trägerin in Physik und Chemie. Außerdem war sie die erste weibliche Professorin an der Sorbonne. Weil Frauen in Polen nicht an der Universität zugelassen waren, ging sie nach Paris, um dort zu studieren. Auch ihre Tochter Irène Joliot-Curie erhielt den Nobelpreis. Trotz ihrer enormen Leistungen und Ehrungen in Frankreich wurde sie in der Presse als sonderbare Frau, Intellektuelle (sic!), Jüdin und Ausländerin diffamiert. Heute ist sie als Ausnahmeerscheinung der Wissenschaften voll anerkannt.

Charles Darwin (1809–1882) war wahrscheinlich der bedeutendste Naturforscher der Geschichte. Er gilt als der Begründer der Evolutionstheorie und stellte fest, dass sich Arten verändern und anpassen. Von besonderer Wichtigkeit war die Erkenntnis, dass alle Lebewesen eine gemeinsame Abstammung haben und dass die natürliche Selektion der wahrscheinlich einzige Mechanismus der Evolution ist.

Richard Dawkins (geboren 1941), ein Evolutionsbiologe, führte in seinem bekanntesten Werk »Das egoistische Gen« (»The Selfish Gene«, 1976) den Begriff Mem als Reproduktionseinheit der kulturellen Evolution (in Analogie zum Gen, der Reproduktionseinheit der biologischen Evolution) ein.

Carl Djerassi (geboren 1923 in Wien, gestorben 2015 in San Francisco) war der Erfinder der »Antibabypille«. In meinen Augen ist das die wichtigste Erfindung des 20. Jahrhunderts, da sie Geburtenkontrolle möglich macht, die für die Rettung der Menschheit notwendig sein wird: Sex ohne Reproduktion – und Reproduktion ohne Sex. Seitdem können Frauen ihre Sexualität voll entfalten. Carl Djerassi war nicht nur Wissenschaftler, sondern auch Autor vieler sehr humorvoller Bücher. Über die Erfindung der In-vitro-Fertilisation schrieb er das Theaterstück »An Immaculate Misconception«, in dem die »professionelle Deformation« von Wissenschaftlern verständlich gemacht wird.

Jennifer Doudna (geboren 1964), Biochemikerin und Strukturbiologin, promovierte an der Harvard University beim Nobelpreisträger **Jack Szostak** und arbeitete als Postdoc bei einem weiteren Nobelpreisträger, Thomas Cech. Derzeit ist sie Professorin an der University of California in Berkeley. Gemeinsam mit **Emmanuelle Charpentier** gilt sie als Entdeckerin der Genomeditierungs-Technologie CRISPR/Cas9.

Albrecht Dürer (1471–1528) zählt zu den herausragenden Künstlern der Renaissance. Mit seinem jesusähnlichen Selbstbildnis aus dem Jahr 1500 machte der deutsche Künstler einen der wichtigsten Schritte auf dem Weg zur Erfindung des Ichs. Mit seinem berühmten Monogramm, das er unter jedes Werk setzte, gab er ein deutliches Zeichen: Er war einer der Ersten, die sich selbst vermarkteten.

Jeremy England (geboren 1982) meint, der Darwinismus erkläre die Evolution, aber nicht den Ursprung intelligenten Lebens. Der Biophysiker ist Juniorprofessor am Bostoner MIT und vertritt die Theorie, dass eine Gruppe von Atomen sich mit der Zeit und der richtigen Menge an Energie selbst organisiert. Ohne äußeren Einfluss. Damit wäre die Entstehung des Lebens kein Zufall, sondern die Folge von physikalischen Gesetzen.

Sigmund Freud (1856–1939) gilt als Begründer der Psychoanalyse. In einer seiner Vorlesungen stellt er die von ihm entdeckte Macht des Unbewussten mit den Theorien von Kopernikus und Darwin gleich – alle drei Theorien bezeichnete er als »Kränkungen der Menschheit«.

Egon Friedell (1878–1938) war ein österreichischer Schriftsteller, Journalist, Schauspieler, Dramaturg und Kabarettist jüdischer Abstammung. Er verfasste das dreibändige Werk »Kulturgeschichte der Neuzeit«, das von den Nazis verboten wurde.

Galileo Galilei (1564–1642) war ein italienischer Astronom, Physiker, Mathematiker, Philosoph und vieles mehr. Er nimmt eine Schlüsselstellung bei der Entstehung der modernen empirischen Wissenschaften in der Renaissance ein. Als Heliozentriker, der die Sonne als Mittelpunkt unseres Sonnensystems sah und nicht die Erde, wurde er von der Inquisition der Häresie beschuldigt und bis zu seinem Lebensende unter Hausarrest gestellt. Erst 1992 hat ihn die katholische Kirche teilweise rehabilitiert. Bis heute schafft es die Kirche nicht, den eigenen Fehler einzugestehen: Sie kann nicht davon abgehen, dass Päpste per Dekret unfehlbar sind.

Yuval Noah Harari (geboren 1976) ist ein israelischer Historiker und Autor des Buches »Eine kurze Geschichte der Menschheit«. In diesem Buch beschreibt er die Hypothese, dass vor rund

70 000 Jahren das Gehirn des Menschen so weit entwickelt war, dass es Dinge denken konnte, die es nicht gibt, und die Bedeutung dieses Ereignisses für die menschliche Evolution: die Geburtsstunde des Homo sapiens und der menschlichen Kultur.

Stephen Hawking (geboren 1942) ist ein britischer theoretischer Physiker und Astrophysiker und einer der bekanntesten Wissenschaftler der Welt. In seiner Arbeit beschäftigt er sich mit der Unendlichkeit des Universums, dessen Ausdehnung und den sogenannten schwarzen Löchern. Er sagt: »Weil es die Gesetze der Schwerkraft gibt, hat sich das Universum aus dem Nichts selbst geschaffen.«

Georg Wilhelm Friedrich Hegel (1770–1831) war ein deutscher Philosoph, der als einer der einflussreichsten Denker der Geschichte gesehen werden kann. Seine Leistung lag darin, dass er als Idealist der Meinung war, dass die Wirklichkeit deutbar ist, wenn ein ganzheitlicher und systematischer Ansatz herangezogen wird.

David Hume (1711–1776), ein schottischer Philosoph und wichtiger Aufklärer, propagierte den Empirismus: dass es eben nicht genug sei, einfach über die Dinge nachzudenken, sondern dass Experimente und Erfahrung notwendig seien, um ein metaphysikfreies Philosophieren möglich zu machen. Er half den Europäern, aus ihrem dogmatischen, wissenschaftsfeindlichen Schlummer zu erwachen.

Immanuel Kant (1724–1804) war ein deutscher Philosoph und der Begründer der Aufklärung schlechthin. Seine Erkenntnistheorie hat die moderne Philosophie und alle Wissenschaften bis heute maßgeblich geprägt. Eines seiner wichtigsten Zitate ist: »Habe Mut, dich deines eigenen Verstandes zu bedienen.« Man solle sich also ein eigenes Urteil bilden!

Seine Menschheitszweckformel ist die Grundlage unserer modernen Ethik und Moral: »Handle so, dass du die Menschheit sowohl in deiner Person, als in der Person eines jeden anderen jederzeit zugleich als Zweck, niemals bloß als Mittel brauchst.«

Jean-Baptiste de Lamarck (1744–1829) war ein französischer Botaniker und Biologe. Seine Evolutionstheorie unterscheidet sich von jener Darwins darin, dass er von einer »gerichteten Höherentwicklung« und einer »Vererbung erworbener Eigenschaften« spricht. Seine Theorie ist als Lamarckismus bekannt und wird immer wieder diskutiert. So sind auch heute einige Wissenschaftler der Meinung, dass das bakterielle CRISPR-System – die Erwerbung und Vererbung von Phagenresistenz – zu Lamarcks Idee passt.

Edward Lorenz (1917–2008) war ein US-amerikanischer Mathematiker und Wetterforscher und gilt als einer der Begründer der Chaostheorie. Berühmt ist sein Spruch: »Kleinste Ursachen können größte Wirkung haben«, auch bekannt als Schmetterlingseffekt: »Kann der Flügelschlag eines Schmetterlings in Brasilien einen Tornado in Texas auslösen?« Das ist die Kernerkenntnis in der Chaostheorie: dass der Verlauf von komplexen Funktionen abhängig von geringen Abweichungen des Anfangswertes sein kann.

Ernst Mach (1838–1916) war ein österreichischer Physiker und Philosoph. Nach ihm ist die »Mach-Zahl« für die Schallgeschwindigkeit benannt. Ernst Mach war ein sehr vielseitiger Denker; seine Berufung zum Professor für Philosophie an der Universität Wien war ungewöhnlich und hatte auch wichtige Konsequenzen: Gemeinsam mit Ludwig Boltzmann, der ebenfalls Philosophievorlesungen hielt, hat Mach eine Diskussionskultur entwickelt, welche die Weichen für die Entstehung des berühmten Wiener Kreises stellte. So gilt er, gemeinsam mit Boltzmann, als Urvater des Wiener Kreises. Er war ein aufklärerischer Geist und Anti-Metaphysiker par excellence.

Karl Marx (1818–1883) war ein deutscher Philosoph, Ökonom und Gesellschaftstheoretiker. Gemeinsam mit Friedrich Engels gilt er als Vater des theoretischen Sozialismus und Kommunismus. Er war ein lauter Kritiker der bürgerlichen Gesellschaft und der Religionen. Wissenschaftler kritisieren bei Marx vor allem seinen Dogmatismus und seine Versuche, sich gegen Kritik zu immunisieren. Er muss in meinen Augen daher als Anti-Aufklärer gelten, auch wenn viele seiner Thesen zu rechtfertigen sind.

James Clerk Maxwell (1831–1879) war ein schottischer Physiker, der wegen seiner Maxwellschen Gleichungen zur Elektrizität und zum Magnetismus Berühmtheit erlangte. Vor allem sein Gedankenexperiment zur Thermodynamik – der Maxwellsche Dämon –, mit dem er zu zeigen versuchte, dass Leben nur in einem offenen System entstehen könne, ist bemerkenswert.

Stanley Miller (1930–2007) war ein US-amerikanischer Biochemiker, der wegen seiner Ursuppen-Experimente zum Ursprung des Lebens berühmt wurde. Das »Miller-Urey-Experiment«, das er bereits während seiner Doktorarbeit durchführte, zeigte, dass komplexere präbiotische Bausteine aus einfachen anorganischen Verbindungen entstehen können. Ich hatte selbst die Freude, ihn 1995 bei einer Konferenz zum Ursprung des Lebens kennenzulernen: Nach meinem Vortrag zeigte er Begeisterung für meine Idee, dass ein RNA-bindendes zyklisches Peptidantibiotikum eine Art Maxwell-Dämon sein könne.

Elaine Morgan (1920–2013) war eine britische Wissenschaftsautorin und Feministin. Sie vertrat in ihren Büchern die »Wassertheorie«, nach welcher der Mensch während seiner Evolution einige Zeit im Wasser verweilte. Sie kritisiert die männerzentrierte Sichtweise der Menschwerdung, die das Verhalten des Mannes als entscheidenden Impuls für die Evolution betrachtet und die weibliche Komponente übersieht. Ihr Buch »Der Mythos vom schwachen Geschlecht« ist meiner Meinung nach eine Pflichtlektüre für Evolutionsbiologen.

Sir Isaac Newton (1643–1727) war ein englischer Allround-wissenschaftler und wahrscheinlich der bedeutendste Wissenschaftler aller Zeiten. Er begründete die klassische Gravitationstheorie, indem er die Lehren Galileo Galileis, Johannes Keplers und René Descartes' vereinte. Er gilt als Vor-denker der modernen empirischen Wissenschaften. Die Einheit der Kraft heißt ihm zu Ehren »Newton« und ist im SI-System definiert als die Kraft N, die einen ruhenden 1 Kilogramm schweren Körper in einer Sekunde auf eine Geschwindigkeit von 1 Meter pro Sekunde beschleunigen kann.

Kathy Niakan ist eine britische Stammzellenforscherin am Francis Crick Institute. Sie darf als erste Forscherin die CRISPR/Cas9-Methode an menschlichen Embryonen anwenden. Sie möchte in ihrem Projekt herausfinden, warum sich so viele befruchtete menschliche Eizellen nicht zu gesunden Babys entwickeln. Das Projekt ist eine Fertilitätsstudie, um Gene zu entdecken, die für die menschliche Entwicklung wichtig sind. Die Genehmigung ihres Projektes durch die britische Behörde für menschliche Befruchtung und Embryologie hat weltweit große Diskussionen hervorgerufen, weil dadurch das Tabu gebrochen wird, die menschliche Keimbahn genetisch zu manipulieren.

Alexander Oparin (1894–1980) war ein russischer Biochemiker. Er lieferte die Idee und die theoretischen Grundlagen für die ersten Ursuppen-Experimente. Von ihm stammt die Annahme, dass Bausteine des Lebens aus einfachen Verbindungen, die es in der Uratmosphäre gegeben hat, entstanden sein konnten.

Svante Pääbo (geboren 1955) ist ein schwedischer Biologe. Er gilt als Begründer der Paläogenetik und ist Direktor des Max-Planck-Instituts für evolutionäre Anthropologie in Leipzig. Ihm gelang es als Erstem, DNA aus einer Mumie zu isolieren. Seine aufregendste Entdeckung ist die Entschlüsselung des Genoms des Neandertalers. Sein Buch »Die Neandertaler und wir. Meine Suche nach den Urzeit-Genen« ist leicht zu lesen und sehr empfehlenswert.

Platon (428/427–348/347 v. Chr.) war ein griechischer Philosoph der Antike und Schüler von Sokrates. Platons Ideenlehre ist für die abendländische Philosophie Grundlage und Maßstab. In seinem Werk »Politeia« (»Der Staat«) entwirft er das Modell eines idealen Staates, der ständisch geordnet ist. Damit ist er einer der Philosophen, die eine starre Struktur der Gesellschaft propagieren.

Max Planck (1858–1947) war der Begründer der Quantenphysik. Dem großen deutschen Physiker zu Ehren wurde die erste Zeit nach dem Urknall, die physikalisch beschrieben werden kann, als Planck-Zeit oder Planck-Ära benannt.

Sir Karl Raimund Popper (1902–1994) war ein österreichisch-britischer Philosoph, der den kritischen Rationalismus begründete. Er ist bekannt für seine Theorie der offenen Gesellschaft. Unter anderem verteidigt er darin die Demokratie und kritisiert den Historizismus. Sein Hauptwerk »Die offene Gesellschaft und ihre Feinde« richtet sich gegen totalitäre Weltanschauungen, vor allem Faschismus und Kommunismus.

Pussy Riot (gegründet 2011) ist eine aus Moskau stammende regierungs- und kirchenkritische Punkrock-Band, die sich als autonomes Kollektiv von rund zehn Frauen versteht und sich für Menschenrechte einsetzt. Die Auftritte sind stets spontan und finden illegal an öffentlichen Orten statt. Dabei tragen die Künstlerinnen bunte Kleidung und verbergen ihre Gesichter hinter Masken, da sie auch gegen Personenkult und Frauengesichter als Werbung eintreten. Nach einem »Punk-Gebet« gegen die Allianz von Kirche und Staat in einer Moskauer Kathedrale wurden drei Frauen der Band verhaftet, was eine internationale Diskussion über Kunstfreiheit, Religion und Politik auslöste. Ihre frühzeitige Entlassung kurz vor den Olympischen Spielen im russischen Sotschi bezeichneten die Frauen als »PR-Gag«.

Jean-Paul Sartre (1905–1980) war ein französischer Philosoph und der führende Denker des Existenzialismus. Sein Hauptwerk (»Das Sein und das Nichts«) dominierte viele Diskussionen um die Existenz. In meiner Jugend las ich sehr viele Bücher von Sartre, mochte ihn aber nie, weil ihm meiner Meinung nach die Leidenschaft für das Engagement fehlte.

Erwin Schrödinger (1887–1961) war der Begründer der Quantenmechanik und ein Träger des Nobelpreises für Physik (1933 zusammen mit Paul Dirac). Sein Gesicht zierte einst die 1000-Schilling-Note. Sein Werk »Was ist Leben?« gilt als Denkanstoß für die moderne Genetik. In diesem Buch beschreibt er die negative Entropie (Negentropie) als Konzept von Organismen, Strukturen aus dem Chaos aufzubauen.

Edward Snowden (geboren 1983), ein US-amerikanischer »Whistleblower«, löste mit seinen Enthüllungen über die Spionagepraktiken der amerikanischen und britischen Geheimdienste die NSA-Affäre aus. Nach seinen Enthüllungen war er gezwungen, aus den USA zu fliehen. 21 Länder, darunter Deutschland und Österreich, gewährten ihm kein Asyl, weshalb er nach Russland floh, das ihn aufnahm. Er wird auf der ganzen Welt für seine selbstlose Tat gefeiert.

Max Stirner (1806–1856) alias Johann Caspar Schmidt war ein deutscher Philosoph und Vorläufer des Nihilismus und Existenzialismus. Bahnbrechend finde ich seine Gedanken zum Egoismus und zum »Ich«. Er galt als vehementer Kritiker des Humanismus.

John Sutherland ist ein britischer Chemiker, in dessen Labor nachgewiesen wurde, dass die RNA tatsächlich die Geburtshelferin für das Leben sein konnte: dass es chemisch möglich ist, in Ursuppenexperimenten aktivierte Ribonukleotide ohne enzymatische Katalyse zu erzeugen, die sich dann zu Ketten polymerisieren können. Das war ein essenzieller Hinweis dafür, dass die RNA-Welt-Theorie zur Entstehung des Lebens stimmen kann.

Jack Szostak (geboren 1952) ist ein kanadisch-US-amerikanischer Molekularbiologe. Der vielseitige und ideenreiche Forscher lieferte wichtige Beiträge zum Thema Rekombination, Telomere und vor allem zum Ursprung des Lebens. 2009 erhielt er gemeinsam mit Elisabeth Blackburn und Carol Greider den Nobelpreis für Medizin für die Entdeckung der Telomerase, dem Enzym, welches die Chromosomenenden (Telomere) herstellt. Ich bin begeistert von seinen Arbeiten zur synthetischen Biologie, in denen er versucht, die Protozelle – die Urzelle – im Labor herzustellen.

Evangelista Torricelli (1608–1647) war ein italienischer Physiker und der Erfinder des Quecksilber-Barometers.

Alan Turing (1912–1954) war ein britischer Mathematiker und Logiker. Berühmt wurde er wegen der Beteiligung an der Entschlüsselung des Enigma-Codes im Zweiten Weltkrieg, mit dem deutsche Funksprüche verschlüsselt wurden. Er gilt als einer der Urväter der Computerwissenschaften.

Sherry Turkle (geboren 1948) ist eine US-amerikanische Soziologin, die den Einfluss moderner Technologien und Computer auf die psychische Entwicklung der Menschen, vor allem von Jugendlichen und Kindern, untersucht. Ihr Buch »The Second Self« (deutsch »Die Wunschmaschine«) setzt sich mit der Problematik des Internets und des sozialen Verhaltens auseinander.

Colin N. Waters ist ein britischer Geologe. Er ist Leiter des British Geological Survey und Sekretär der Arbeitsgruppe zum Anthropozän. Sein Spezialgebiet ist die geologische Messung aller möglichen Erdschichten. Im Jänner 2016 erschien in der Fachzeitschrift *Science* ein sehr übersichtliches Dokument von ihm zum Einfluss des Menschen auf den Planeten.

James Watson (geboren 1928) ist ein US-amerikanischer Molekularbiologe, der gemeinsam mit Francis Crick und Maurice Wilkins nach den Röntgenkristalldaten von Rosalind Franklin die molekulare Struktur der DNA aufklärte. Er war auch ein Mitbegründer des Humangenomprojekts. Heute wird er gesellschaftlich wegen rassistischer Äußerungen gemieden.

DANKSAGUNG

Mein Dank gilt all den Erfinderinnen und Erfindern, Denkerinnen und Denkern, Kämpferinnen und Kämpfern, Wissenschaftlerinnen und Wissenschaftlern, die seit fast Hunderttausend Jahren an der Erfindung des Menschen mitgearbeitet haben.

Ich bin der Universität Wien zu großem Dank verpflichtet. Die Freiheit, welche die Wissenschaft braucht, ist ein Gut, welches nicht selbstverständlich ist.

Ich danke allen meinen Studierenden, die ich in den letzten dreißig Jahren betreuen durfte: Ich habe viel von euch gelernt.

Renée Schroeder

VON MENSCHEN, ZELLEN UND WASCHMASCHINEN

Anstiftung zur Rettung der Welt

ISBN 978 3 7017 3328 6

Die Biochemikerin Renée Schroeder lernt von Zellen und Bakterien, wo es kontrolliertes Wachstum und selbstloses Verhalten gibt. Denn angesichts von zügellosem Wirtschaftswachstum und explosionsartiger Zunahme der Weltbevölkerung ist heute eines klar: So kann es nicht weitergehen. Eine neue Gesellschaft mit neuen Werten muss gefunden werden, in der Qualität über Quantität steht. Renée Schroeder schlägt Brücken zu ihrer Forschung und zeigt auf, wie wir uns und den Planeten retten können.

Das wichtigste Gebot aber lautet: Denke weiter! Eine furchtlose Streitschrift, ein Plädoyer für die Verantwortung, ein Aufruf zum Umdenken – ein Buch, das Mut macht.

Renée Schroeder ist keine Wissenschaftlerin die sich hinter dem Schreibtisch verschanzt. Ihre Weltverbesserungsideen sind lebensnah. Sie reichen von der Emanzipation von Rollenbildern und religiösen Dogmen, über freiwilligen Konsumverzicht bis hin zur Entschleunigung und neuen Qualitätsbegriffen.
  Ruth Rybarski, ORF/ZIB